TABLES

DE MULTIPLICATIONS,

OU

LOGARITHMES

DES NOMBRES ENTIERS

DEPUIS 1 JUSQU'A 20,000,

a moyen desquelles on peut multiplier tous les
nombres qui n'excèdent pas 20,000 par 20,000,
et généralement faire toutes les multiplications
dont le produit n'excède pas 400,000,000;

PRÉCÉDÉES

D'UN DISCOURS PRÉLIMINAIRE

UR L'INVENTION ET L'USAGE DESDITES TABLES.

Par Antoine VOISIN.

A PARIS,

JEZ L'AUTEUR, RUE GUÉNÉGAUD, N°. 15.

1817.

DE L'IMPRIMERIE DE P. GUEFFIER.

DISCOURS
PRÉLIMINAIRE.

La science des nombres est si généralement cultivée et d'une utilité tellement reconnue, qu'il serait superflu d'en faire ici l'éloge.

Les chiffres arabes, introduits en Europe vers l'an 960, firent connaître des signes plus commodes pour représenter les nombres; dès-lors les calculs n'eurent plus de bornes : aussi les travaux des mathématiciens se dirigèrent-ils vers les moyens de les abréger.

La découverte des logarithmes, faite par Neper, en 1614, réduisit la multiplication et la division à l'addition et à la soustraction; ainsi elle facilita les calculs où succombait la patience la plus exercée.

Cependant le commerce et la société ne retirèrent aucun avantage de cette belle méthode; car les essais que firent les Raphaël Levi, Nolkenbrecher, Gerhart, et autres, pour y introduire l'usage des logarithmes, ne furent couronnés d'aucuns succès.

Il est aujourd'hui reconnu par les calculateurs que les tables de logarithmes, dont l'usage est indispensable pour les branches du calcul, sont insuffisantes pour les multiplications des nombres un peu compliqués; en effet, les tables les plus étendues, celles de *Callet* n'excèdent pas 108,000 et ne comprennent que le multiplie des nombres dont le produit ne surpasse pas 108.000.

L'admirable calcul des logarithmes indique, il

est vrai , les moyens de trouver à quels nombres correspondent ceux qui surpassent les limites des tables ; mais ces abréviations ne diminuent pas sensiblement le travail ; aussi pour ces cas la méthode ordinaire a-t-elle prévalu.

La découverte de Neper fut suivie d'une foule d'ouvrages dont le but étoit d'abréger et de simplifier les calculs ; mais l'oubli dans lequel ils sont restés prouve assez l'insuffisance des moyens employés par leurs auteurs.

Les tables que nous offrons au public, en abrégeant considérablement les calculs , ont l'avantage de donner directement le produit de deux nombres, de servir de preuves aux opérations faites par les logarithmes ordinaires, et enfin d'indiquer les moyens de corriger les fautes qui auraient pu échapper aux lectures des épreuves.

CHAPITRE PREMIER.

De la Composition des Tables , et de leurs Usages.

Ces tables contiennent la suite des nombres depuis 1 jusqu'à 20,000 , et celle du produit de chaque nombre multiplié par le quart de lui-même.

Pour distinguer les termes de la suite des nombres , de ceux de la suite des produits , nous appellerons dorénavant racines les termes de la suite des nombres , et logarithmes ceux de la suite des produits.

Ceci posé, on peut dire en général que la différence qui règne entre deux de nos logarithmes est égale au produit de deux racines dont la somme et la différence correspondent aux racines des logarithmes proposés , et réciproquement que le produit de deux racines est égal à la différence des logarithmes de leur somme et de leur différence.

Pour concevoir ces propositions, il faut remarquer, 1°. que dans les tables le produit de tout nombre multiplié par lui-même est égal à la racine correspondante au double de son logarithme ; car dans ce cas la différence des deux racines est 0 , dont le logarithme est 0 ; 2°. que le produit de tout nombre dont l'un surpasse l'autre d'une unité est égal à la racine correspondante au double de son logarithme; car dans ce cas la différence des deux racines est 1 , dont le logarithme est 0 ; 3°. que le produit de tout nombre dont l'un surpasse l'autre de deux unités , est égal au logarithme de la somme des deux racines , moins le logarithme de la racine de leur différence , lequel sera 1 , logarithme de la racine de 2. Ces remarques sont les mêmes pour tous les nombres, et à leur appui nous citerons les exemples suivans :

Premier Exemple.

	4 / 4		5 / 4		6 / 4		7 / 4		8 / 4	
Sommes...	8 lo.	16	9	20	10	25	11	30	12	26
Différences.	0	0	1	0	2	1	3	2	4	4
Produits...		16		20		24		28		32

Deuxième Exemple.

	7 / 7		8 / 7		9 / 7		10 / 7		11 / 7	
Sommes...	14 lo.	49	15	56	16	64	17	72	18	81
Différences.	0	0	1	0	2	1	3	2	4	4
Produits...		49		56		63		70		77

Donc, pour faire une multiplication à l'aide de nos tables, il faut *additionner et soustraire les deux nombres , chercher les logarithmes des deux nouvelles racines , leur différence sera égale au produit cherché.*

1re. Méthode.

Deux exemples familiariseront avec cette méthode.

On demande le produit de..... 21
　　　　　　　　　　　　par.... 4

Addition........... 25　　logarithme 156
Soustraction........ 17　　　　　　　　　72

　　　　　　　Reste ou produit............ 84

On demande celui de........ 14,377
　　　　　　　　　　　　par...... 5,458

Addition......... 19,835　　log. 98,356,806
Soustraction....... 8,919　　　　19,887,140

　　　　　　Reste ou produit........ 78,469,666

On aurait, simultanément, le produit de plusieurs nombres en additionnant d'abord les logarithmes des sommes, et ensuite ceux des différences :

On demande le produit

	de 36 par 21	de 15 par 13	de 18 par 14	Opération.
				57　log. 812
				28　　　196
				32　　　256
Addition,	57	28	32	———
Soustraction,	15	2	4	1264

15　56 ⎫
　2　　1 ⎬　61
　4　　4 ⎭
———
1203

produit de 36 par 21, de 15 par 13, de 18 par 14.

Par cette première méthode on obtiendra le produit de tous les nombres dont la somme n'excède pas 20,000.

Mais si l'un et l'autre des deux nombres étaient inférieurs à 20,000, et quoique leur somme excédât 20,000, alors il faudrait avoir recours à la méthode suivante, laquelle est fondée sur cette vérité, que

la somme de deux de nos logarithmes est égale à
la moitié du produit des deux racines qui y corres-
pondent, moins le logarithme de la racine de leur
différence.

Donc, pour faire une multiplication, il faut *sous-*
traire les deux nombres, chercher les logarithmes
des trois racines, additionner ceux des nombres pro-
posés, et en soustraire le logarithme de la diffé-
rence ; le reste de la soustraction sera égal à la
moitié du produit demandé.

2ᵉ. Méthode.

Exception unique.

Dans le seul cas où les deux nombres seraient
impairs, il faut, à la fin de l'opération, augmenter le
produit d'une unité.

Cette augmentation est nécessaire pour compenser
chaque quart d'unité, négligé sur l'un et l'autre loga-
rithme ; car le logarithme d'une racine impair est
égal à un nombre entier, plus à un quart.

Deux exemples feront comprendre cette mé-
thode.

On demande le produit de..... 21   logarithme. 110
                      par.... 3   2
                                                   ___

                                                   112
             Différence.... 18   81
                                                   ___

                                                    31
             Dont le double est............... 62
             Auquel il faut ajouter............... 1
                    Produit............... 63

On demande celui de...... 19,132   log. 91,508,356
              par..... 18,737   87,768,792
                                          ____

                                         179,277,148
         Différence.   395   log.   39,006
                                          ____

                                         179,238,142
Dont le double ou le produit est... 358,476,844

On peut dire aussi que le produit de plusieurs
nombres est égal au double de la somme de leurs

logarithmes, moins la somme des logarithmes de
leur différence, augmenté d'autant d'unités qu'il y
a de multiplications de deux nombres impairs.

On demande le produit de 15 par 3 ; celui de 7 par 5.

Opération :

$$
\begin{array}{rr}
15 \text{ logarith. } & 56 \\
3 & 2 \\
7 & 12 \\
5 & 6 \\
\hline
\end{array}
$$

Somme 76

Différence, 12 log. 36 }
Différence, 2   1 } 37

Différence...... 39

Produit 78
auquel il faut ajouter 2

80

égal au produit de 15 par 3, et de 7 par 5.

Cette méthode nécessite une recherche de plus
que la précédente ; mais elle donne une plus grande
quantité de solutions et sert à trouver les produits
de tous les nombres, depuis 1 jusques et compris
20,000 par 20,000, dont le produit est 400,000,000
(*).

(*) On obtiendrait des résultats semblables, en calculant
des tables dont chaque logarithme serait composé du produit
de chaque racine, multipliée par la moitié d'elle-même.

Première Méthode.		*Deuxième Méthode.*	
21		21	220
4		4	8
25	312		228
17	144	17	144
	168		84
½	84		

Comme il est évident que nos deux méthodes peuvent servir de preuves aux multiplications et aux divisions faites par les logarithmes ordinaires, nous nous dispenserons d'en donner des exemples.

On obtiendrait les mêmes solutions en calculant une table dans laquelle chaque racine serait multipliée par elle-même ou égale à son carré.

Première Méthode.	*Deuxième Méthode.*

$$
\begin{array}{ll}
21 & \\
\,\,4 & \\
\hline
25 \quad 625 & \\
17 \quad 289 & \\
\hline
\quad\,\, 336 & \\
\tfrac{1}{4} \quad 84 &
\end{array}
\qquad
\begin{array}{ll}
21 \quad 441 & \\
\,\,4 \quad\,\, 16 & \\
\hline
\quad\,\, 457 & \\
17 \quad 289 & \\
\hline
\quad\,\, 168 & \\
\tfrac{1}{2} \quad 84 &
\end{array}
$$

On pourrait aussi calculer des tables dans lesquelles chaque racine serait multipliée par le huitième d'elle-même, et on aurait.

Première Méthode.	*Deuxième Méthode.*

$$
\begin{array}{ll}
21 & \\
\,\,4 & \\
\hline
25 \quad 78 & \\
17 \quad 36 & \\
\hline
\quad\,\, 42 & \\
\quad\,\, 84 &
\end{array}
\qquad
\begin{array}{ll}
21 \quad 55 & \\
\,\,4 \quad\,\, 2 & \\
\hline
\quad\,\, 57 & \\
17 \quad 36 & \\
\hline
\quad\,\, 21 & \\
\quad\,\, 84 &
\end{array}
$$

Mais tous ces systèmes nécessitent trois recherches, et les deux derniers ne donnent que des solutions indirectes ; car il faut dans le second cas prendre la moitié ou le quart, et dans le troisième, multiplier par deux ou par quatre.

$a^\star$

CHAPITRE DEUXIÈME.

De la Méthode employée pour calculer les Loga-
rithmes.

L'auteur s'est servi d'un moyen infaillible pour
composer correctement le manuscrit de ses tables,
il a apporté le plus grand soin à corriger sur les
épreuves les fautes que l'imprimeur-compositeur a
pu commettre en réunissant une aussi grande quan-
tité de chiffres ; ainsi tout porte à croire qu'elles
sont très-exactes. Cependant, pour mettre le public
à même d'en juger sans être obligé de recourir
aux calculs ordinaires, il croit devoir lui soumettre
la base de son travail.

On conçoit qu'il serait trop pénible de se servir
de la méthode ordinaire pour calculer des nombres
aussi compliqués et qu'on abrégerait déjà le travail
en remarquant que chaque logarithme est composé
du logarithme et de la racine qui le précède. Mais si
on considère l'ouvrage d'une manière plus générale,
on s'apercevra que les chiffres, comparés entr'eux,
c'est à-dire, les unités avec les unités, les dixaines
avec les dixaines, les centaines avec les centaines,
etc., on reconnaîtra, dis-je, qu'ils ont entr'eux un
certain rapport, et que les combinaisons d'une unité
donnent, après un certain nombre de répétitions, une
série qui, une fois calculée, peut servir pour toutes
les autres, c'est à dire qu'une série se répète dans
un même ordre : ainsi la série des unités sera com-
posée de 20 termes, le 21e. sera égal au 1er, le 22e.
au second, et ainsi jusqu'à 40. Le 41e. sera égal au
1er, et ainsi des autres.

Alors chaque logarithme n'est plus un terme isolé,
mais la partie d'un tout, dont les unités, les dixai-
nes, les centaines, les mille et les autres termes,

forment des suites et séries qui ont entr'elles des rapports constans.

On nommera suite la réunion des termes nécessaires à la formation d'une série.

Et série, chaque collection complète des unités, des dixaines, des centaines, etc.

La série des unités sera composée de vingt termes, savoir :

	Nombres.	1.	2.	3.	4.	5.	6.	7.	8.	9.	10.
{	Unités ..	0.	1.	2.	4.	6.	9.	2.	6.	0.	5.

	Nombres.	11.	12.	13.	14.	15.	16.	17.	18.	19.	20.
{	Unités...	0.	6.	2.	9.	6.	4.	2.	1.	0.	0.

Chaque suite des dixaines sera composée de 20 termes et chaque série de 200.

Une suite de centaines sera composée de 200 termes, et la série de 2,000.

Celle des mille sera composée de 2,000 termes, et la série de 20,000.

Et enfin, chaque suite des dixaines de mille sera composée de 20,000 termes, et la série de 200,000.

Des Suites et de la Série des dixaines.

La première suite des dixaines se formera du produit des unités : or, puisque pour les unités on a une série de 20 termes, il est certain que les changemens qui s'opéreront aux vingt premières dixaines, se répéteront ensuite de la même manière ; il y aura donc une certaine analogie entre une première suite et les neuf autres.

SÉRIE DES 200 DIXAINES.

	1	2	3	4	5	6	7	8	9	10
1	0	1	2	3	4	5	6	7	8	9
2	0	2	4	6	8	0	2	4	6	8
3	0	3	6	9	2	5	8	1	4	7
4	0	4	8	2	6	0	4	8	2	6
5	0	5	0	5	0	5	0	5	0	5
6	0	6	2	8	4	0	6	2	8	4
7	1	8	5	2	9	6	3	0	7	4
8	1	9	7	5	3	1	9	7	5	3
9	2	1	0	9	8	7	6	5	4	3
10	2	2	2	2	2	2	2	2	2	2
11	3	4	5	6	7	8	9	0	1	2
12	3	5	7	9	1	3	5	7	9	1
13	4	7	0	3	6	9	2	5	8	1
14	4	8	2	6	0	4	8	2	6	0
15	5	0	5	0	5	0	5	0	5	0
16	6	2	8	4	0	6	2	8	4	0
17	7	4	1	8	5	2	9	6	3	0
18	8	6	4	2	0	8	6	4	2	0
19	9	8	7	6	5	4	3	2	1	0
20	0	0	0	0	0	0	0	0	0	0

On voit par le tableau ci-dessus, que la deuxième suite est composée de la 1re et des unités de la colonne numérique ; que la 3e. suite est composée de la 2e. et des unités de la colonne numérique, ou de la 1re suite et de deux fois les unités de la colonne numérique. On peut donc dire qu'en général une suite d'un ordre quelconque est composée de celle qui la précède et des unités de la colonne numérique ; ou de la 1re suite, plus du produit des unités de la colonne numérique multipliée par le nombre de la suite diminué d'une unité.

Des Suites et de la Série des centaines.

La première suite des centaines se formera du produit des dixaines ; et puisque la série des dixaines se compose de 200 termes, il est évident que les changemens qui surviendront aux premières centaines se répéteront ensuite de la même manière.

SÉRIE DES 2,000 CENTAINES.

1	0	1	2	3	4	5	6	7	8	9	51	6	7	8	9	0	1	2	3	4	5
2	0	2	4	6	8	0	2	4	6	8	52	6	8	0	2	4	6	8	0	2	4
3	0	3	6	9	2	5	8	1	4	7	53	7	0	3	6	9	2	5	8	1	4
4	0	4	8	2	6	0	4	8	2	6	54	7	1	5	9	3	7	1	5	9	3
5	0	5	0	5	0	5	0	5	0	5	55	7	2	7	2	7	2	7	2	7	2
6	0	6	2	8	4	0	6	2	8	4	56	7	3	9	5	1	7	3	9	5	1
7	0	7	4	1	8	5	2	9	6	3	57	8	5	2	9	6	3	0	7	4	1
8	0	8	6	4	2	0	8	6	4	2	58	8	6	4	2	0	8	6	4	2	0
9	0	9	8	7	6	5	4	3	2	1	59	8	7	6	5	4	3	2	1	0	9
10	0	0	0	0	0	0	0	0	0	0	60	9	9	9	9	9	9	9	9	9	9
11	0	1	2	3	4	5	6	7	8	9	61	9	0	1	2	3	4	5	6	7	8
12	0	2	4	6	8	0	2	4	6	8	62	9	1	3	5	7	9	1	3	5	7
13	0	3	6	9	2	5	8	1	4	7	63	9	2	5	8	1	4	7	0	3	6
14	0	4	8	2	6	0	4	8	2	6	64	0	4	8	2	6	0	4	8	2	6
15	0	5	0	5	0	5	0	5	0	5	65	0	5	0	5	0	5	0	5	0	5
16	0	6	2	8	4	0	6	2	8	4	66	0	6	2	8	4	0	6	2	8	4
17	0	7	4	1	8	5	2	9	6	3	67	1	8	5	2	9	6	3	0	7	4
18	0	8	6	4	2	0	8	6	4	2	68	1	9	7	5	3	1	9	7	5	3
19	0	9	8	7	6	5	4	3	2	1	69	1	0	9	8	7	6	5	4	3	2
20	1	1	1	1	1	1	1	1	1	1	70	2	2	2	2	2	2	2	2	2	2
21	1	2	3	4	5	6	7	8	9	0	71	2	3	4	5	6	7	8	9	0	1
22	1	3	5	7	9	1	3	5	7	9	72	2	4	6	8	0	2	4	6	8	0
23	1	4	7	0	3	6	9	2	5	8	73	3	6	9	2	5	8	1	4	7	0
24	1	5	9	3	7	1	5	9	3	7	74	3	7	1	5	9	3	7	1	6	9
25	1	6	1	6	1	6	1	6	1	6	75	4	9	4	9	4	9	4	9	4	9
26	1	7	3	9	5	1	7	3	9	5	76	4	0	6	2	8	4	0	6	2	8
27	1	8	5	2	9	6	3	0	7	4	77	4	1	8	5	2	9	6	3	0	7
28	1	9	7	5	3	1	9	7	5	3	78	5	3	1	9	7	5	3	1	9	7
29	2	1	0	9	8	7	6	5	4	3	79	5	4	3	2	1	0	9	8	7	6
30	2	2	2	2	2	2	2	2	2	2	80	6	6	6	6	6	6	6	6	6	6
31	2	3	4	5	6	7	8	9	0	1	81	6	7	8	9	0	1	2	3	4	5
32	2	4	6	8	0	2	4	6	8	0	82	6	8	0	2	4	6	8	0	2	4
33	2	5	8	1	4	7	0	3	6	9	83	7	0	3	6	9	2	5	8	1	4
34	2	6	0	4	8	2	6	0	4	8	84	7	1	5	9	3	7	1	5	9	3
35	3	8	3	8	3	8	3	8	3	8	85	8	3	8	3	8	3	8	3	8	3
36	3	9	5	1	7	3	9	5	1	7	86	8	4	0	6	2	8	4	0	6	2
37	3	0	7	4	1	8	5	2	9	6	87	8	5	2	9	6	3	0	7	4	1
38	3	1	9	7	5	3	1	9	7	5	88	9	7	5	3	1	9	7	5	3	1
39	3	2	1	0	9	8	7	6	5	4	89	9	8	7	6	5	4	3	2	1	0
40	4	4	4	4	4	4	4	4	4	4	90	0	0	0	0	0	0	0	0	0	0
41	4	5	6	7	8	9	0	1	2	3	91	0	1	2	3	4	5	6	7	8	9
42	4	6	8	0	2	4	6	8	0	2	92	1	3	5	7	9	1	3	5	7	9
43	4	7	0	3	6	9	2	5	8	1	93	1	4	7	0	3	6	9	2	5	8
44	4	8	2	6	0	4	8	2	6	0	94	2	6	0	4	8	2	6	0	4	8
45	5	0	5	0	5	0	5	0	5	0	95	2	7	2	7	2	7	2	7	2	7
46	5	1	7	3	9	5	1	7	3	9	96	3	9	5	1	7	3	9	5	1	7
47	5	2	9	6	3	0	7	4	1	8	97	3	0	7	4	1	8	5	2	9	6
48	5	3	1	9	7	5	3	1	9	7	98	4	2	0	8	6	4	2	0	8	6
49	5	5	4	3	2	1	0	9	8	7	99	4	3	2	1	0	9	8	7	6	5
50	6	6	6	6	6	6	6	6	6	6	100	5	5	5	5	5	5	5	5	5	5

SÉRIE DES 2,000 CENTAINES.

101	5	6	7	8	9	0	1	2	3	4	151	7	8	9	0	1	2	3	4	5	6
102	6	8	0	2	4	6	8	0	2	4	152	7	9	1	3	5	7	9	1	3	5
103	6	9	2	5	8	1	4	7	0	3	153	8	1	4	7	0	3	6	9	2	5
104	7	1	5	9	3	7	1	5	9	3	154	9	3	7	1	5	9	3	7	1	5
105	7	2	7	2	7	2	7	2	7	2	155	0	5	0	5	0	5	0	5	0	5
106	8	4	0	6	2	8	4	0	6	2	156	0	6	2	8	4	0	6	2	8	4
107	8	5	2	9	6	3	0	7	4	1	157	1	8	5	2	9	6	3	0	7	4
108	9	7	5	3	1	9	7	5	3	1	158	2	0	8	6	4	2	0	8	6	4
109	9	8	7	6	5	4	3	2	1	0	159	3	2	1	0	9	8	7	6	5	4
110	0	0	0	0	0	0	0	0	0	0	160	4	4	4	4	4	4	4	4	4	4
111	0	1	2	3	4	5	6	7	8	9	161	4	5	6	7	8	9	0	1	2	3
112	1	3	5	7	9	1	3	5	7	9	162	5	7	9	1	3	5	7	9	1	3
113	1	4	7	0	3	6	9	2	5	8	163	6	9	2	5	8	1	4	7	0	3
114	2	6	0	4	8	2	6	0	4	8	164	7	1	5	9	3	7	1	5	9	3
115	3	8	3	8	3	8	3	8	3	8	165	8	3	8	3	8	3	8	3	8	3
116	3	9	5	1	7	3	9	5	1	7	166	8	4	0	6	2	8	4	0	6	2
117	4	1	8	5	2	9	6	3	0	7	167	9	6	3	0	7	4	1	8	5	2
118	4	2	0	8	6	4	2	0	8	6	168	0	8	6	4	2	0	8	6	4	2
119	5	4	3	2	1	0	9	8	7	6	169	1	0	9	8	7	6	5	4	3	2
120	6	6	6	6	6	6	6	6	6	6	170	2	2	2	2	2	2	2	2	2	2
121	6	7	8	9	0	1	2	3	4	5	171	3	4	5	6	7	8	9	0	1	2
122	7	9	1	3	5	7	9	1	3	5	172	3	5	7	9	1	3	5	7	9	1
123	7	0	3	6	9	2	5	8	1	4	173	4	7	0	3	6	9	2	5	8	1
124	8	2	6	0	4	8	2	6	0	4	174	5	9	3	7	1	5	9	3	7	1
125	9	4	9	4	9	4	9	4	9	4	175	6	1	6	1	6	1	6	1	6	1
126	9	5	1	7	3	9	5	1	7	3	176	7	3	9	5	1	7	3	9	5	1
127	0	7	4	1	8	5	2	9	6	3	177	8	5	2	9	6	3	0	7	4	1
128	0	8	6	4	2	0	8	6	4	2	178	9	7	5	3	1	9	7	5	3	1
129	1	0	9	8	7	6	5	4	3	2	179	0	9	8	7	6	5	4	3	2	1
130	2	2	2	2	2	2	2	2	2	2	180	1	1	1	1	1	1	1	1	1	1
131	2	3	4	5	6	7	8	9	0	1	181	1	2	3	4	5	6	7	8	9	0
132	3	5	7	9	1	3	5	7	9	1	182	2	4	6	8	0	2	4	6	8	0
133	4	7	0	3	6	9	2	5	8	1	183	3	6	9	2	5	8	1	4	7	0
134	4	8	2	6	0	4	8	2	6	0	184	4	8	2	6	0	4	8	2	6	0
135	5	0	5	0	5	0	5	0	5	0	185	5	0	5	0	5	0	5	0	5	0
136	6	2	8	4	0	6	2	8	4	0	186	6	2	8	4	0	6	2	8	4	0
137	6	3	0	7	4	1	8	5	2	9	187	7	4	1	8	5	2	9	6	3	0
138	7	5	3	1	9	7	5	3	1	9	188	8	6	4	2	0	8	6	4	2	0
139	8	7	6	5	4	3	2	1	0	9	189	9	8	7	6	5	4	3	2	1	0
140	9	9	9	9	9	9	9	9	9	9	190	0	0	0	0	0	0	0	0	0	0
141	9	0	1	2	3	4	5	6	7	8	191	1	2	3	4	5	6	7	8	9	0
142	0	2	4	6	8	0	2	4	6	8	192	2	4	6	8	0	2	4	6	8	0
143	1	4	7	0	3	6	9	2	5	8	193	3	6	9	2	5	8	1	4	7	0
144	1	5	9	3	7	1	5	9	3	7	194	4	8	2	6	0	4	8	2	6	0
145	2	7	2	7	2	7	2	7	2	7	195	5	0	5	0	5	0	5	0	5	0
146	3	9	5	1	7	3	9	5	1	7	196	6	2	8	4	0	6	2	8	4	0
147	4	1	8	5	2	9	6	3	0	7	197	7	4	1	8	5	2	9	6	3	0
148	4	2	0	8	6	4	2	0	8	6	198	8	6	4	2	0	8	6	4	2	0
149	5	4	3	2	1	0	9	8	7	6	199	9	8	7	6	5	4	3	2	1	0
150	6	6	6	6	6	6	6	6	6	6	200	0	0	0	0	0	0	0	0	0	0

De la première Suite et de la Série des mille.

Puisque la série des centaines est composée de 2,000 termes, la première suite des mille se formera de 2,000 termes.

Nous donnerons seulement cette première suite à l'aide de laquelle on pourra composer la série des 1000 et vérifier si ceux de nos tables sont exacts.

La première suite des mille est aux pages 17 et 18.

Comme pour vérifier un chiffre de la série des 1,000, il faut d'abord connaître à quelle suite il appartient, nous allons donner le tableau de toutes les suites.

La première comprend les nombres entre	1 et	2,000
La deuxième, ceux entre............	2,001 et	4,000
La troisième,....................	4,001 et	6,000
La quatrième,...................	6,001 et	8,000
La cinquième,...................	8,001 et	10,000
La sixième,.....................	10,001 et	12,000
La septième,....................	12,001 et	14,000
La huitième,....................	14,001 et	16,000
La neuvième,....................	16,001 et	18,000
La dixième et dernière..........	18,001 et	20,000

De la première Suite des dixaines de mille et des autres chiffres.

La connaissance des unités, des dixaines, des centaines et des mille, est suffisante pour nombrer les dixaines de mille de la première suite composée de 20,000 termes, et avec elle on obtiendra la série de 200,000 termes.

A l'égard des centaines de mille et des autres chiffres, ils suivent l'ordre numérique, et l'inspection des cinq premiers suffit pour en déterminer la valeur.

CONCLUSION.

On conçoit qu'à l'aide de cette méthode on pourrait étendre les tables jusqu'aux nombres les plus élevés; aussi l'auteur se propose-t-il de publier incessamment un second volume contenant les logarithmes des nombres depuis 20,000 jusqu'à 100,000.

Pour faire l'édition qu'il offre aujourd'hui, il s'est procuré une assez grande quantité de caractères pour composer la totalité de l'ouvrage; il a conservé toutes les pages, et par ce moyen il pourra corriger les fautes à mesure qu'elles seront découvertes.

Il espère que les personnes qui en rencontreraient voudront bien les indiquer; il s'empressera de leur adresser un carton avec la faute corrigée; ainsi ses tables seront toujours exemptes de fautes.

Si les chiffres dont on s'est servi pour les tables, sont d'un effet peu agréable au premier coup-d'œil, ils ont des qualités qui en ont déterminé le choix; leur dimension régulière, l'augmentation de l'œil du chiffre, et les blancs que l'on remarque entre chaque ligne, sont des avantages qui compensent un bien léger inconvénient.

PREMIÈRE SUITE DES MILLE.

1	0	2	0	2	0	2	0	2	0	2	0	3	0	3	0	3	0	3	0	3
2	0	2	0	2	0	3	0	3	0	3	1	3	1	3	1	4	1	4	1	4
3	0	2	0	2	0	3	0	3	1	3	1	4	1	4	2	4	2	5	2	5
4	0	2	0	3	0	3	1	3	1	4	2	4	2	5	2	5	3	5	3	6
5	0	2	0	3	1	3	1	4	2	4	2	5	3	5	3	6	4	6	4	7
6	0	2	0	3	1	4	1	4	2	5	3	5	3	6	4	7	4	7	5	8
7	0	2	0	3	1	4	2	4	2	5	3	6	4	7	4	7	5	8	6	9
8	0	2	0	3	1	4	2	5	3	6	4	6	4	7	5	8	6	9	7	0
9	0	2	0	3	1	4	2	5	3	6	4	7	5	8	6	9	7	0	8	1
10	0	3	1	4	2	5	3	6	4	7	5	8	6	9	7	0	8	1	9	2
11	0	3	1	4	2	5	3	6	4	7	5	8	6	9	7	0	8	1	9	2
12	0	3	1	4	2	5	3	6	4	7	6	9	7	0	8	1	9	2	0	5
13	0	3	1	4	2	5	3	7	5	8	6	9	7	0	9	2	0	3	1	4
14	0	3	1	4	2	6	4	7	5	8	7	0	8	1	9	3	1	4	2	5
15	0	3	1	4	3	6	4	7	6	9	7	0	9	2	0	3	2	5	3	6
16	0	3	1	4	3	6	4	8	6	9	8	1	9	2	1	4	2	6	4	7
17	0	3	1	5	3	6	5	8	6	0	8	1	0	3	1	5	3	7	5	8
18	0	3	1	5	3	7	5	8	7	0	9	2	0	4	2	6	4	7	6	9
19	0	3	1	5	3	7	5	9	7	1	9	3	1	4	3	6	5	8	7	0
20	0	3	2	5	4	7	6	9	8	1	0	3	2	5	4	7	6	9	8	1
21	0	3	2	5	4	7	6	9	8	2	0	4	2	6	4	8	6	0	9	2
22	0	3	2	5	4	8	6	0	8	2	1	4	3	6	5	9	7	1	9	3
23	0	3	2	6	4	8	7	0	9	2	1	5	3	7	6	9	8	2	0	4
24	0	3	2	6	4	8	7	1	9	3	2	5	4	8	6	0	9	3	1	5
25	0	3	2	6	5	8	7	1	0	3	2	6	5	8	7	1	0	3	2	6
26	0	3	2	6	5	9	7	1	0	4	5	6	5	9	8	2	0	4	3	7
27	0	4	2	6	5	9	8	2	0	4	3	7	6	0	9	2	1	5	4	8
28	0	4	2	6	5	9	8	2	1	5	4	8	6	0	9	3	2	6	5	9
29	0	4	3	7	6	9	8	2	1	5	4	8	7	1	0	4	3	7	6	0
30	0	4	3	7	6	0	9	3	2	6	5	9	8	2	1	5	4	8	7	1
31	0	4	3	7	6	0	9	3	2	6	5	9	8	2	1	5	5	9	8	2
32	0	4	3	7	6	0	9	3	3	7	6	0	9	3	2	6	5	9	9	3
33	0	4	3	7	6	1	0	4	3	7	6	0	0	4	3	7	6	0	9	4
34	0	4	3	7	7	1	0	4	3	8	7	1	0	4	4	8	7	1	0	5
35	0	4	3	8	7	1	0	5	4	8	7	2	1	5	4	9	8	2	1	6
36	0	4	5	8	7	1	1	5	4	9	8	2	1	6	5	9	9	3	2	7
37	0	4	4	8	7	2	1	5	5	9	8	3	2	6	6	0	9	4	3	7
38	0	4	4	8	7	2	1	6	5	9	9	3	3	7	6	1	0	5	4	8
39	0	4	4	8	8	2	2	6	5	0	9	4	3	8	7	2	1	6	5	9
40	0	4	4	8	8	2	2	6	6	0	0	4	4	8	8	2	2	6	6	0
41	0	4	4	9	8	3	2	7	6	1	0	5	5	9	9	3	3	7	7	1
42	0	5	4	9	8	3	3	7	7	1	1	6	5	0	9	4	4	8	8	2
43	0	5	4	9	9	3	3	8	7	2	1	6	6	0	0	5	4	9	9	3
44	0	5	4	9	9	3	3	8	8	2	2	7	6	1	1	5	5	0	0	4
45	0	5	5	9	9	4	4	8	8	3	3	7	7	2	2	6	6	1	1	5
46	0	5	5	9	9	4	4	9	8	3	3	8	8	2	2	7	7	2	1	6
47	0	5	5	0	9	4	4	9	9	4	4	8	8	3	3	8	8	3	2	7
48	0	5	5	0	0	5	4	9	9	4	4	9	9	4	4	9	8	3	3	8
49	0	5	5	0	0	5	5	0	0	5	5	0	0	4	4	9	9	4	4	9
50	0	5	5	0	0	5	5	0	0	5	5	0	0	5	5	0	0	5	5	0

PREMIÈRE SUITE DES MILLE.

51	0	5	5	0	0	5	5	1	1	6	6	1	1	6	6	1	1	6	6	1
52	0	5	5	0	1	6	6	1	1	6	6	1	1	6	7	2	2	7	7	2
53	0	5	6	1	1	6	6	1	1	7	7	2	2	7	7	2	3	8	8	3
54	0	5	6	1	1	6	6	2	2	7	7	2	3	8	8	3	3	9	9	4
55	0	6	6	1	1	7	7	2	2	8	8	3	3	9	9	4	4	0	0	5
56	0	6	6	1	1	7	7	2	3	8	8	4	4	9	9	5	5	0	1	6
57	0	6	6	1	2	7	7	3	3	8	9	4	5	0	0	6	6	1	2	7
58	0	6	6	2	2	7	8	3	4	9	9	5	5	1	1	6	7	2	3	8
59	0	6	6	2	2	8	8	4	4	9	0	5	6	1	2	7	8	3	3	9
60	0	6	6	2	2	8	8	4	4	0	0	6	6	2	2	8	8	4	4	0
61	0	6	7	2	3	8	9	4	5	0	1	6	7	3	3	9	9	5	5	1
62	0	6	7	2	3	8	9	5	5	1	1	7	8	3	4	9	0	6	6	2
63	0	6	7	2	5	9	9	5	6	1	2	8	8	4	5	0	1	7	7	3
64	1	6	7	3	3	9	0	5	6	2	3	8	9	5	5	1	2	7	8	4
65	1	6	7	3	4	9	0	6	7	2	3	9	0	5	6	2	3	8	9	5
66	1	6	7	3	4	0	0	6	7	3	4	9	0	6	7	3	3	9	0	6
67	1	6	7	3	4	0	1	7	7	3	4	0	1	7	8	3	4	0	1	7
68	1	7	7	3	4	0	1	7	8	4	5	1	1	7	8	4	5	1	2	8
69	1	7	8	4	4	0	1	7	8	4	5	1	2	8	9	5	6	2	3	9
70	1	7	8	4	5	1	2	8	9	5	6	2	3	9	0	6	7	3	4	0
71	1	7	8	4	5	1	2	8	9	5	6	2	3	9	0	7	8	4	5	1
72	1	7	8	4	5	1	2	8	0	6	7	3	4	0	1	7	8	4	6	2
73	1	7	8	4	5	2	3	9	0	6	7	3	5	1	2	8	9	5	7	3
74	1	7	8	4	6	2	3	9	0	7	8	4	5	1	3	9	0	6	7	4
75	1	7	8	5	6	2	3	0	1	7	8	5	6	2	3	0	1	7	8	5
76	1	7	9	5	6	2	4	0	1	8	9	5	7	3	4	0	2	8	9	6
77	1	7	9	5	6	3	4	0	2	8	9	6	7	4	5	1	3	9	0	7
78	1	7	9	5	7	3	4	1	2	9	0	6	8	4	6	2	3	0	1	8
79	1	8	9	5	7	3	5	1	3	9	1	7	8	5	6	3	4	1	2	9
80	1	8	9	6	7	4	5	2	3	0	1	8	9	6	7	4	5	2	3	0
81	1	8	9	6	7	4	5	2	4	0	2	8	0	6	8	4	6	2	4	1
82	1	8	9	6	8	4	6	2	4	1	2	9	0	7	9	5	7	5	5	2
83	1	8	0	6	8	4	6	3	4	1	3	9	1	8	9	6	8	4	6	3
84	1	8	0	6	8	5	6	5	5	2	3	0	2	8	0	7	8	5	7	4
85	1	8	0	7	8	5	7	4	5	2	4	1	2	9	1	8	9	6	8	5
86	1	8	0	7	9	5	7	4	6	3	4	1	3	0	2	8	0	7	9	6
87	1	8	0	7	9	6	7	4	6	3	5	2	4	0	2	9	1	8	0	7
88	1	8	0	7	9	6	8	5	7	4	5	2	4	1	3	0	2	9	1	8
89	1	8	0	7	9	6	8	5	7	4	6	3	5	2	4	1	3	0	2	9
90	2	9	1	8	0	7	9	6	8	5	7	4	6	3	5	2	4	1	3	0
91	2	9	1	8	0	7	9	6	8	5	7	4	6	3	5	2	4	1	3	1
92	2	9	1	8	0	7	9	6	8	6	8	5	7	4	6	3	5	2	4	2
93	2	9	1	8	0	7	0	7	9	6	8	5	7	5	7	4	6	3	5	3
94	2	9	1	8	1	8	0	7	9	7	9	6	8	5	8	5	7	4	6	4
95	2	9	1	9	1	8	0	8	0	7	9	7	9	6	8	6	8	5	7	5
96	2	9	1	9	1	8	1	8	0	8	0	7	9	7	9	6	9	6	8	6
97	2	9	2	9	1	9	1	8	1	8	0	8	0	7	0	7	9	7	9	7
98	2	9	2	9	2	9	1	9	1	9	1	8	1	8	1	8	0	8	0	8
99	2	9	2	9	2	9	2	9	2	9	1	9	1	9	1	9	1	9	1	9
100	2	0	2	0	2	0	2	0	2	0	2	0	2	0	2	0	2	0	2	0

TABLES

DE MULTIPLICATIONS,

OU

LOGARITHMES

DES NOMBRES ENTIERS

DEPUIS I JUSQU'A 20,000.

1	00	51	650	101	2550	151	5700
2	01	52	676	102	2601	152	5776
3	02	53	702	103	2652	153	5852
4	04	54	729	104	2704	154	5929
5	06	55	756	105	2756	155	6006
6	09	56	784	106	2809	156	6084
7	12	57	812	107	2862	157	6162
8	16	58	841	108	2916	158	6241
9	20	59	870	109	2970	159	6320
10	25	60	900	110	3025	160	6400
11	30	61	930	111	3080	161	6480
12	36	62	961	112	3136	162	6561
13	42	63	992	113	3192	163	6642
14	49	64	1024	114	3249	164	6724
15	56	65	1056	115	3306	165	6806
16	64	66	1089	116	3364	166	6889
17	72	67	1122	117	3422	167	6972
18	81	68	1156	118	3481	168	7056
19	90	69	1190	119	3540	169	7140
20	100	70	1225	120	3600	170	7225
21	110	71	1260	121	3660	171	7310
22	121	72	1296	122	3721	172	7396
23	132	73	1332	123	3782	173	7482
24	144	74	1369	124	3844	174	7569
25	156	75	1406	125	3906	175	7656
26	169	76	1444	126	3969	176	7744
27	182	77	1482	127	4032	177	7832
28	196	78	1521	128	4096	178	7921
29	210	79	1560	129	4160	179	8010
30	225	80	1600	130	4225	180	8100
31	240	81	1640	131	4290	181	8190
32	256	82	1681	132	4356	182	8281
33	272	83	1722	133	4422	183	8372
34	289	84	1764	134	4489	184	8464
35	306	85	1806	135	4556	185	8556
36	324	86	1849	136	4624	186	8649
37	342	87	1892	137	4692	187	8742
38	361	88	1936	138	4761	188	8836
39	380	89	1980	139	4830	189	8930
40	400	90	2025	140	4900	190	9025
41	420	91	2070	141	4970	191	9120
42	441	92	2116	142	5041	192	9216
43	462	93	2162	143	5112	193	9312
44	484	94	2209	144	5184	194	9409
45	506	95	2256	145	5256	195	9506
46	529	96	2304	146	5329	196	9604
47	552	97	2352	147	5402	197	9702
48	576	98	2401	148	5476	198	9801
49	600	99	2450	149	5550	199	9900
50	625	100	2500	150	5625	200	10000

201	10100	251	15750	301	22650	351	30800
202	10201	252	15876	302	22801	352	30976
203	10302	253	16002	303	22952	353	31152
204	10404	254	16129	304	23104	354	31329
205	10506	255	16256	305	23256	355	31506
206	10609	256	16384	306	23409	356	31684
207	10712	257	16512	307	23562	357	31862
208	10816	258	16641	308	23716	358	32041
209	10920	259	16770	309	23870	359	32220
210	11025	260	16900	310	24025	360	32400
211	11130	261	17030	311	24180	361	32580
212	11236	262	17161	312	24336	362	32761
213	11342	263	17292	313	24492	363	32942
214	11449	264	17424	314	24649	364	33124
215	11556	265	17556	315	24806	365	33306
216	11664	266	17689	316	24964	366	33489
217	11772	267	17822	317	25122	367	33672
218	11881	268	17956	318	25281	368	33856
219	11990	269	18090	319	25440	369	34040
220	12100	270	18225	320	25600	370	34225
221	12210	271	18360	321	25760	371	34410
222	12321	272	18496	322	25921	372	34596
223	12432	273	18632	323	26082	373	34782
224	12544	274	18769	324	26244	374	34969
225	12656	275	18906	325	26406	375	35156
226	12769	276	19044	326	26569	376	35344
227	12882	277	19182	327	26732	377	35532
228	12996	278	19321	328	26896	378	35721
229	13110	279	19460	329	27060	379	35910
230	13225	280	19600	330	27225	380	36100
231	13340	281	19740	331	27390	381	36290
232	13456	282	19881	332	27556	382	36481
233	13572	283	20022	333	27722	383	36672
234	13689	284	20164	334	27889	384	36864
235	13806	285	20306	335	28056	385	37056
236	13924	286	20449	336	28224	386	37249
237	14042	287	20592	337	28392	387	37442
238	14161	288	20736	338	28561	388	37636
239	14280	289	20880	339	28730	389	37830
240	14400	290	21025	340	28900	390	38025
241	14520	291	21170	341	29070	391	38220
242	14641	292	21316	342	29241	392	38416
243	14762	293	21462	343	29412	393	38612
244	14884	294	21609	344	29584	394	38809
245	15006	295	21756	345	29756	395	39006
246	15129	296	21904	346	29929	396	39204
247	15252	297	22052	347	30102	397	39402
248	15376	298	22201	348	30276	398	39601
249	15500	299	22350	349	30450	399	39800
250	15625	300	22500	350	30625	400	40000

401	40200	451	50850	501	62750	551	75900
402	40401	452	51076	502	63001	552	76176
403	40602	453	51302	503	63252	553	76452
404	40804	454	51529	504	63504	554	76729
405	41006	455	51756	505	63756	555	77006
406	41209	456	51984	506	64009	556	77284
407	41412	457	52212	507	64262	557	77562
408	41616	458	52441	508	64516	558	77841
409	41820	459	52670	509	64770	559	78120
410	42025	460	52900	510	65025	560	78400
411	42230	461	53130	511	65280	561	78680
412	42436	462	53361	512	65536	562	78961
413	42642	463	53592	513	65792	563	79242
414	42849	464	53824	514	66049	564	79524
415	43056	465	54056	515	66306	565	79806
416	43264	466	54289	516	66564	566	80089
417	43472	467	54522	517	66822	567	80372
418	43681	468	54756	518	67081	568	80656
419	43890	469	54990	519	67340	569	80940
420	44100	470	55225	520	67600	570	81225
421	44310	471	55460	521	67860	571	81510
422	44521	472	55696	522	68121	572	81796
423	44732	473	55932	523	68382	573	82082
424	44944	474	56169	524	68644	574	82369
425	45156	475	56406	525	68906	575	82656
426	45369	476	56644	526	69169	576	82944
427	45582	477	56882	527	69432	577	83232
428	45796	478	57121	528	69696	578	83521
429	46010	479	57360	529	69960	579	83810
430	46225	480	57600	530	70225	580	84100
431	46440	481	57840	531	70490	581	84390
432	46656	482	58081	532	70756	582	84681
433	46872	483	58322	533	71022	583	84972
434	47089	484	58564	534	71289	584	85264
435	47306	485	58806	535	71556	585	85556
436	47524	486	59049	536	71824	586	85849
437	47742	487	59292	537	72092	587	86142
438	47961	488	59536	538	72361	588	86436
439	48180	489	59780	539	72630	589	86730
440	48400	490	60025	540	72900	590	87025
441	48620	491	60270	541	73170	591	87320
442	48841	492	60516	542	73441	592	87616
443	49062	493	60762	543	73712	593	87912
444	49284	494	61009	544	73984	594	88209
445	49506	495	61256	545	74256	595	88506
446	49729	496	61504	546	74529	596	88804
447	49952	497	61752	547	74802	597	89102
448	50176	498	62001	548	75076	598	89401
449	50400	499	62250	549	75350	599	89700
450	50625	500	62500	550	75625	600	90000

601	90300	651	105950	701	122850	751	141000
602	90601	652	106276	702	123201	752	141376
603	90902	653	106602	703	123552	753	141752
604	91204	654	106929	704	123904	754	142129
605	91506	655	107256	705	124256	755	142506
606	91809	656	107584	706	124609	756	142884
607	92112	657	107912	707	124962	757	143262
608	92416	658	108241	708	125316	758	143641
609	92720	659	108570	709	125670	759	144020
610	93025	660	108900	710	126025	760	144400
611	93330	661	109230	711	126380	761	144780
612	93636	662	109561	712	126736	762	145161
613	93942	663	109892	713	127092	763	145542
614	94249	664	110224	714	127449	764	145924
615	94556	665	110556	715	127806	765	146306
616	94864	666	110889	716	128164	766	146689
617	95172	667	111222	717	128522	767	147072
618	95481	668	111556	718	128881	768	147456
619	95790	669	111890	719	129240	769	147840
620	96100	670	112225	720	129600	770	148225
621	96410	671	112560	721	129960	771	148610
622	96721	672	112896	722	130321	772	148996
623	97032	673	113232	723	130682	773	149382
624	97344	674	113569	724	131044	774	149769
625	97656	675	113906	725	131406	775	150156
626	97969	676	114244	726	131769	776	150544
627	98282	677	114582	727	132132	777	150932
628	98596	678	114921	728	132496	778	151321
629	98910	679	115260	729	132860	779	151710
630	99225	680	115600	730	133225	780	152100
631	99540	681	115940	731	133590	781	152490
632	99856	682	116281	732	133956	782	152881
633	100172	683	116622	733	134322	783	153272
634	100489	684	116964	734	134689	784	153664
635	100806	685	117306	735	135056	785	154056
636	101124	686	117649	736	135424	786	154449
637	101442	687	117992	737	135792	787	154842
638	101761	688	118336	738	136161	788	155236
639	102080	689	118680	739	136530	789	155630
640	102400	690	119025	740	136900	790	156025
641	102720	691	119370	741	137270	791	156420
642	103041	692	119716	742	137641	792	156816
643	103362	693	120062	743	138012	793	157212
644	103684	694	120409	744	138384	794	157609
645	104006	695	120756	745	138756	795	158006
646	104329	696	121104	746	139129	796	158404
647	104652	697	121452	747	139052	797	158802
648	104976	698	121801	748	139876	798	159201
649	105300	699	122150	749	140250	799	159600
650	105625	700	122500	750	140625	800	160000

801	160400	851	181050	901	202950	951	226100
802	160801	852	181476	902	203401	952	226576
803	161202	853	181902	903	203852	953	227052
804	161604	854	182329	904	204304	954	227529
805	162006	855	182756	905	204756	955	228006
806	162409	856	183184	906	205209	956	228484
807	162812	857	183612	907	205662	957	228962
808	163216	858	184041	908	206116	958	229441
809	163620	859	184470	909	206570	959	229920
810	164025	860	184900	910	207025	960	230400
811	164430	861	185330	911	207480	961	230880
812	164836	862	185761	912	207936	962	231361
813	165242	863	186192	913	208392	963	231842
814	165649	864	186624	914	208849	964	232324
815	166056	865	187056	915	209306	965	232806
816	166464	866	187489	916	209764	966	233289
817	166872	867	187922	917	210222	967	233772
818	167281	868	188356	918	210681	968	234256
819	167690	869	188790	919	211140	969	234740
820	168100	870	189225	920	211600	970	235225
821	168510	871	189660	921	212060	971	235710
822	168921	872	190096	922	212521	972	236196
823	169332	873	190532	923	212982	973	236682
824	169744	874	190969	924	213444	974	237169
825	170156	875	191406	925	213906	975	237656
826	170569	876	191844	926	214369	976	238144
827	170982	877	192282	927	214832	977	238632
828	171396	878	192721	928	215296	978	239121
829	171810	879	193160	929	215760	979	239610
830	172225	880	193600	930	216225	980	240100
831	172640	881	194040	931	216690	981	240590
832	173056	882	194481	932	217156	982	241081
833	173472	883	194922	933	217622	983	241572
834	173889	884	195364	934	218089	984	242064
835	174306	885	195806	935	218556	985	242556
836	174724	886	196249	936	219024	986	243049
837	175142	887	196692	937	219492	987	243542
838	175561	888	197136	938	219961	988	244036
839	175980	889	197580	939	220430	989	244530
840	176400	890	198025	940	220900	990	245025
841	176820	891	198470	941	221370	991	245520
842	177241	892	198916	942	221841	992	246016
843	177662	893	199362	943	222312	993	246512
844	178084	894	199809	944	222784	994	247009
845	178506	895	200256	945	223256	995	247506
846	178929	896	200704	946	223729	996	248004
847	179352	897	201152	947	224202	997	248502
848	179776	898	201601	948	224676	998	249001
849	180200	899	202050	949	225150	999	249500
850	180625	900	202500	950	225625	1000	250000

1001	250500	1051	276150	1101	303050	1151	331200
1002	251001	1052	276676	1102	303601	1152	331776
1003	251502	1053	277202	1103	304152	1153	332352
1004	252004	1054	277729	1104	304704	1154	332929
1005	252506	1055	278256	1105	305256	1155	333506
1006	253009	1056	278784	1106	305809	1156	334084
1007	253512	1057	279312	1107	306362	1157	334662
1008	254016	1058	279841	1108	306916	1158	335241
1009	254520	1059	280370	1109	307470	1159	335820
1010	255025	1060	280900	1110	308025	1160	336400
1011	255530	1061	281430	1111	308580	1161	336980
1012	256036	1062	281961	1112	309136	1162	337561
1013	256542	1063	282492	1113	309692	1163	338142
1014	257049	1064	283024	1114	310249	1164	338724
1015	257556	1065	283556	1115	310806	1165	339306
1016	258064	1066	284089	1116	311364	1166	339889
1017	258572	1067	284622	1117	311922	1167	340472
1018	259081	1068	285156	1118	312481	1168	341056
1019	259590	1069	285690	1119	313040	1169	341640
1020	260100	1070	286225	1120	313600	1170	342225
1021	260610	1071	286760	1121	314160	1171	342810
1022	261121	1072	287296	1122	314721	1172	343396
1023	261632	1073	287832	1123	315282	1173	343982
1024	262144	1074	288369	1124	315844	1174	344569
1025	262656	1075	288906	1125	316406	1175	345156
1026	263169	1076	289444	1126	316969	1176	345744
1027	263682	1077	289982	1127	317532	1177	346332
1028	264196	1078	290521	1128	318096	1178	346921
1029	264710	1079	291060	1129	318660	1179	347510
1030	265225	1080	291600	1130	319225	1180	348100
1031	265740	1081	292140	1131	319790	1181	348690
1032	266256	1082	292681	1132	320356	1182	349281
1033	266772	1083	293222	1133	320922	1183	349872
1034	267289	1084	293764	1134	321489	1184	350464
1035	267806	1085	294306	1135	322056	1185	351056
1036	268324	1086	294849	1136	322624	1186	351649
1037	268842	1087	295392	1137	323192	1187	352242
1038	269361	1088	295936	1138	323761	1188	352836
1039	269880	1089	296480	1139	324330	1189	353430
1040	270400	1090	297025	1140	324900	1190	354025
1041	270920	1091	297570	1141	325470	1191	354620
1042	271441	1092	298116	1142	326041	1192	355216
1043	271962	1093	298662	1143	326612	1193	355812
1044	272484	1094	999209	1144	327184	1194	356409
1045	273006	1095	299756	1145	327756	1195	357006
1046	273529	1096	300304	1146	328329	1196	357604
1047	274052	1097	300852	1147	328902	1197	358202
1048	274576	1098	301401	1148	329476	1198	358801
1049	275100	1099	301950	1149	330050	1199	359400
1050	275625	1100	302500	1150	330625	1200	360000

1201	360600	1251	391250	1301	423150	1351	456300
1202	361201	1252	391876	1302	423801	1352	456976
1203	361802	1253	392502	1303	424452	1353	457652
1204	362404	1254	393129	1304	425104	1354	458329
1205	363006	1255	393756	1305	425756	1355	459006
1206	363609	1256	394384	1306	426409	1356	459684
1207	364212	1257	395012	1307	427062	1357	460362
1208	364816	1258	395641	1308	427716	1358	461041
1209	365420	1259	396270	1309	428370	1359	461720
1210	366025	1260	396900	1310	429025	1360	462400
1211	366630	1261	397530	1311	429680	1361	463080
1212	367236	1262	398161	1312	430336	1362	463761
1213	367842	1263	398792	1313	430992	1363	464442
1214	368449	1264	399424	1314	431649	1364	465124
1215	369056	1265	400056	1315	432306	1365	465806
1216	369664	1266	400689	1316	432964	1366	466489
1217	370272	1267	401322	1317	433622	1367	467172
1218	370881	1268	401956	1318	434281	1368	467856
1219	371490	1269	402590	1319	434940	1369	468540
1220	372100	1270	403225	1320	435600	1370	469225
1221	372710	1271	403860	1321	436260	1371	469910
1222	373321	1272	404496	1322	436921	1372	470596
1223	373932	1273	405132	1323	437582	1373	471282
1224	374544	1274	405769	1324	438244	1374	471969
1225	375156	1275	406406	1325	438906	1375	472656
1226	375769	1276	407044	1326	439569	1376	473344
1227	376382	1277	407682	1327	440232	1377	474032
1228	376996	1278	408321	1328	440896	1378	474721
1229	377610	1279	408960	1329	441560	1379	475410
1230	378225	1280	409600	1330	442225	1380	476100
1231	378840	1281	410240	1331	442890	1381	476790
1232	379456	1282	410881	1332	443556	1382	477481
1233	380072	1283	411522	1333	444222	1383	478172
1234	380689	1284	412164	1334	444889	1384	478864
1235	381306	1285	412806	1335	445556	1385	479556
1236	381924	1286	413449	1336	446224	1386	480249
1237	382542	1287	414092	1337	446892	1387	480942
1238	383161	1288	414736	1338	447561	1388	481636
1239	383780	1289	415380	1339	448250	1389	482330
1240	384400	1290	416025	1340	448900	1390	483025
1241	385020	1291	416670	1341	449570	1391	483720
1242	385641	1292	417316	1342	450241	1392	484416
1243	386262	1293	417962	1343	450912	1393	485112
1244	386884	1294	418609	1344	451584	1394	485809
1245	387506	1295	419256	1345	452256	1395	486506
1246	388129	1296	419904	1346	452929	1396	487204
1247	388752	1297	420552	1347	453602	1397	487902
1248	389376	1298	421201	1348	454276	1398	488601
1249	390000	1299	421850	1349	454950	1399	489300
1250	390625	1300	422500	1350	455625	1400	490000

1401	490700	1451	526350	1501	563250	1551	601400
1402	491401	1452	527076	1502	564001	1552	602176
1403	492102	1453	527802	1503	564752	1553	602952
1404	492804	1454	528529	1504	565504	1554	603729
1405	493506	1455	529256	1505	566256	1555	604506
1406	494209	1456	529984	1506	567009	1556	605284
1407	494912	1457	530712	1507	567762	1557	606062
1408	495616	1458	531441	1508	568516	1558	606841
1409	496320	1459	532170	1509	569270	1559	607620
1410	497025	1460	532900	1510	570025	1560	608400
1411	497730	1461	533630	1511	570780	1561	609180
1412	498436	1462	534361	1512	571536	1562	609961
1413	499142	1463	535092	1513	572292	1563	610742
1414	499849	1464	535824	1514	573049	1564	611524
1415	500556	1465	536556	1515	573806	1565	612306
1416	501264	1466	537289	1516	574564	1566	613089
1417	501972	1467	538022	1517	575322	1567	613872
1418	502681	1468	538756	1518	576081	1568	614656
1419	503390	1469	539490	1519	576840	1569	615440
1420	504100	1470	540225	1520	577600	1570	616225
1421	504810	1471	540960	1521	578360	1571	617010
1422	505521	1472	541696	1522	579121	1572	617796
1423	506232	1473	542432	1523	579882	1573	618582
1424	506944	1474	543169	1524	580644	1574	619369
1425	507656	1475	543906	1525	581406	1575	620156
1426	508369	1476	544644	1526	582169	1576	620944
1427	509082	1477	545382	1527	582932	1577	621732
1428	509796	1478	546121	1528	583696	1578	622521
1429	510510	1479	546860	1529	584460	1579	623310
1430	511225	1480	547600	1530	585225	1580	624100
1431	511940	1481	548340	1531	585990	1581	624890
1432	512656	1482	549081	1532	586756	1582	625681
1433	513372	1483	549822	1533	587522	1583	626472
1434	514089	1484	550564	1534	588289	1584	627264
1435	514806	1485	551306	1535	589056	1585	628056
1436	515524	1486	552049	1536	589824	1586	628849
1437	516242	1487	552792	1537	590592	1587	629642
1438	516961	1488	553536	1538	591361	1588	630436
1439	517680	1489	554280	1539	592130	1589	631230
1440	518400	1490	555025	1540	592900	1590	632025
1441	519120	1491	555770	1541	593670	1591	632820
1442	519841	1492	556516	1542	594441	1592	633616
1443	520562	1493	557262	1543	595212	1593	634412
1444	521284	1494	558009	1544	595984	1594	635209
1445	522006	1495	558756	1545	596756	1595	636006
1446	522729	1496	559504	1546	597529	1596	636804
1447	523452	1497	560252	1547	598302	1597	637602
1448	524176	1498	561001	1548	599076	1598	638401
1449	524900	1499	561750	1549	599850	1599	639200
1450	525625	1500	562500	1550	600625	1600	640000

1601	640800	1651	681450	1701	723350	1751	766500
1602	641601	1652	682276	1702	724201	1752	767376
1603	642402	1653	683102	1703	725052	1753	768252
1604	643204	1654	683929	1704	725904	1754	769129
1605	644006	1655	684756	1705	726756	1755	770006
1606	644809	1656	685584	1706	727609	1756	770884
1607	645612	1657	686412	1707	728462	1757	771762
1608	646416	1658	687241	1708	729316	1758	772641
1609	647220	1659	688070	1709	730170	1759	773520
1610	648025	1660	688900	1710	731025	1760	774400
1611	648830	1661	689730	1711	731880	1761	775280
1612	649656	1662	690561	1712	732736	1762	776161
1613	650442	1663	691392	1713	733592	1763	777042
1614	651249	1664	692224	1714	734449	1764	777924
1615	652056	1665	693056	1715	735306	1765	778806
1616	652864	1666	693889	1716	736164	1766	779689
1617	653672	1667	694722	1717	737022	1767	780572
1618	654481	1668	695556	1718	737881	1768	781456
1619	655290	1669	696390	1719	738740	1769	782340
1620	656100	1670	697225	1720	739600	1770	783225
1621	656910	1671	698060	1721	740460	1771	784110
1622	657721	1672	698896	1722	741321	1772	784996
1623	658552	1673	699732	1723	742182	1773	785882
1624	659344	1674	700569	1724	743044	1774	786769
1625	660156	1675	701406	1725	743906	1775	787656
1626	660969	1676	702244	1726	744769	1776	788544
1627	661782	1677	703082	1727	745632	1777	789432
1628	662596	1678	703921	1728	746496	1778	790321
1629	663410	1679	704760	1729	747360	1779	791210
1630	664225	1680	705600	1730	748225	1780	792100
1631	665040	1681	706440	1731	749090	1781	792990
1632	665856	1682	707281	1732	749956	1782	793881
1633	666672	1683	708122	1733	750822	1783	794772
1634	667489	1684	708964	1734	751689	1784	795664
1635	668306	1685	709806	1735	752556	1785	796556
1636	669124	1686	710649	1736	753424	1786	797449
1637	669942	1687	711492	1737	754292	1787	798342
1638	670761	1688	712336	1738	755161	1788	799236
1639	671580	1689	713180	1739	756030	1789	800130
1640	672400	1690	714025	1740	756900	1790	801025
1641	673220	1691	714870	1741	757770	1791	801920
1642	674041	1692	715716	1742	758641	1792	802816
1643	674862	1693	716562	1743	759512	1793	803712
1644	675684	1694	717409	1744	760384	1794	804609
1645	676506	1695	718256	1745	761256	1795	805506
1646	677329	1696	719104	1746	762129	1796	806404
1647	678152	1697	719952	1747	763002	1797	807302
1648	678976	1698	720801	1748	763876	1798	808201
1649	679800	1699	721650	1749	764750	1799	809100
1650	680625	1700	722500	1750	765625	1800	810000

1801	810900	1851	856550	1901	903450	1951	951600
1802	811801	1852	857476	1902	904401	1952	952576
1803	812702	1853	858402	1903	905352	1953	953552
1804	813604	1854	859329	1904	906304	1954	954529
1805	814506	1855	860256	1905	907256	1955	955506
1806	815409	1856	861184	1906	908209	1956	956484
1807	816312	1857	862112	1907	909162	1957	957462
1808	817216	1858	863041	1908	910116	1958	958441
1809	818120	1859	863970	1909	911070	1959	959420
1810	819025	1860	864900	1910	912025	1960	960400
1811	819930	1861	865830	1911	912980	1961	961380
1812	820836	1862	866761	1912	913936	1962	962361
1813	821742	1863	867692	1913	914892	1963	963342
1814	822649	1864	868624	1914	915849	1964	964324
1815	823556	1865	869556	1915	916806	1965	965306
1816	824464	1866	870489	1916	917764	1966	966289
1817	825372	1867	871422	1917	918722	1967	967272
1818	826281	1868	872356	1918	919681	1968	968256
1819	827190	1869	873290	1919	920640	1969	969240
1820	828100	1870	874225	1920	921600	1970	970225
1821	829010	1871	875160	1921	922560	1971	971210
1822	829921	1872	876096	1922	923521	1972	972196
1823	830832	1873	877032	1923	924482	1973	973182
1824	831744	1874	877969	1924	925444	1974	974169
1825	832656	1875	878906	1925	926406	1975	975156
1826	833569	1876	879844	1926	927369	1976	976144
1827	834482	1877	880782	1927	928332	1977	977132
1828	835396	1878	881721	1928	929296	1978	978121
1829	836310	1879	882660	1929	930260	1979	979110
1830	837225	1880	883600	1930	931225	1980	980100
1831	838140	1881	884540	1931	932190	1981	981090
1832	839056	1882	885481	1932	933156	1982	982081
1833	839972	1883	886422	1933	934122	1983	983072
1834	840889	1884	887364	1934	935089	1984	984064
1835	841806	1885	888306	1935	936056	1985	985056
1836	842724	1886	889249	1936	937024	1986	986049
1837	843642	1887	890192	1937	937992	1987	987042
1838	844561	1888	891136	1938	938961	1988	988036
1839	845480	1889	892080	1939	939930	1989	989030
1840	846400	1890	893025	1940	940900	1990	990025
1841	847320	1891	893970	1941	941870	1991	991020
1842	848241	1892	894916	1942	942841	1992	992016
1843	849162	1893	895862	1943	943812	1993	993012
1844	850084	1894	896809	1944	944784	1994	994009
1845	851006	1895	897756	1945	945756	1995	995006
1846	851929	1896	898704	1946	946729	1996	996004
1847	852852	1897	899652	1947	947702	1997	997002
1848	853776	1898	900601	1948	948676	1998	998001
1849	854700	1899	901550	1949	949650	1999	999000
1850	855625	1900	902500	1950	950625	2000	1000000

2001	1001000	2051	1051650	2101	1103550	2151	1156700
2002	1002001	2052	1052676	2102	1104601	2152	1157776
2003	1003002	2053	1053702	2103	1105652	2153	1158852
2004	1004004	2054	1054729	2104	1106704	2154	1159929
2005	1005006	2055	1055756	2105	1107756	2155	1161006
2006	1006009	2056	1056784	2106	1108809	2156	1162084
2007	1007012	2057	1057812	2107	1109862	2157	1163162
2008	1008016	2058	1058841	2108	1110916	2158	1164241
2009	1009020	2059	1059870	2109	1111970	2159	1165320
2010	1010025	2060	1060900	2110	1113025	2160	1166400
2011	1011030	2061	1061930	2111	1114080	2161	1167480
2012	1012036	2062	1062961	2112	1115136	2162	1168561
2013	1013042	2063	1063992	2113	1116192	2163	1169642
2014	1014049	2064	1065024	2114	1117249	2164	1170724
2015	1015056	2065	1066056	2115	1118306	2165	1171806
2016	1016064	2066	1067089	2116	1119364	2166	1172889
2017	1017072	2067	1068122	2117	1120422	2167	1173972
2018	1018081	2068	1069156	2118	1121481	2168	1175056
2019	1019090	2069	1070190	2119	1122540	2169	1176140
2020	1020100	2070	1071225	2120	1123600	2170	1177225
2021	1021110	2071	1072260	2121	1124660	2171	1178310
2022	1022121	2072	1073296	2122	1125721	2172	1179396
2023	1023132	2073	1074332	2123	1126782	2173	1180482
2024	1024144	2074	1075369	2124	1127844	2174	1181569
2025	1025156	2075	1076406	2125	1128906	2175	1182656
2026	1026169	2076	1077444	2126	1129969	2176	1183744
2027	1027182	2077	1078482	2127	1131032	2177	1184832
2028	1028196	2078	1079521	2128	1132096	2178	1185921
2029	1029210	2079	1080560	2129	1133160	2179	1187010
2030	1030225	2080	1081600	2130	1134225	2180	1188100
2031	1031240	2081	1082640	2131	1135290	2181	1189190
2032	1032256	2082	1083681	2132	1136356	2182	1190281
2033	1033272	2083	1084722	2133	1137422	2183	1191372
2034	1034289	2084	1085764	2134	1138489	2184	1192464
2035	1035306	2085	1086806	2135	1139556	2185	1193556
2036	1036324	2086	1087849	2136	1140624	2186	1194649
2037	1037342	2087	1088892	2137	1141692	2187	1195742
2038	1038361	2088	1089936	2138	1142761	2188	1196836
2039	1039380	2089	1090980	2139	1143830	2189	1197930
2040	1040400	2090	1092025	2140	1144900	2190	1199025
2041	1041420	2091	1093070	2141	1145970	2191	1200120
2042	1042441	2092	1094116	2142	1147041	2192	1201216
2043	1043462	2093	1095162	2143	1148112	2193	1202312
2044	1044484	2094	1096209	2144	1149184	2194	1203409
2045	1045506	2095	1097256	2145	1150256	2195	1204506
2046	1046529	2096	1098304	2146	1151329	2196	1205604
2047	1047552	2097	1099352	2147	1152402	2197	1206702
2048	1048576	2098	1100401	2148	1153476	2198	1207801
2049	1049600	2099	1101450	2149	1154550	2199	1208900
2050	1050625	2100	1102500	2150	1155625	2200	1210000

2201	1211100	2251	1266750	2301	1323650	2351	1381800
2202	1212201	2252	1267876	2302	1324801	2352	1382976
2203	1213302	2253	1269002	2303	1325952	2353	1384152
2204	1214404	2254	1270129	2304	1327104	2354	1385329
2205	1215506	2255	1271256	2305	1328256	2355	1386506
2206	1216609	2256	1272384	2306	1329409	2356	1387684
2207	1217712	2257	1273512	2307	1330562	2357	1388862
2208	1218816	2258	1274641	2308	1331716	2358	1390041
2209	1219920	2259	1275770	2309	1332870	2359	1391220
2210	1221025	2260	1276900	2310	1334025	2360	1392400
2211	1222130	2261	1278050	2311	1335180	2361	1393580
2212	1223236	2262	1279161	2312	1336336	2362	1394761
2213	1224342	2263	1280292	2313	1337492	2363	1395942
2214	1225449	2264	1281424	2314	1338649	2364	1397124
2215	1226556	2265	1282556	2315	1339806	2365	1398306
2216	1227664	2266	1283689	2316	1340964	2366	1399489
2217	1228772	2267	1284822	2317	1342122	2367	1400672
2218	1229881	2268	1285956	2318	1343281	2368	1401856
2219	1230990	2269	1287090	2319	1344440	2369	1403040
2220	1232100	2270	1288225	2320	1345600	2370	1404225
2221	1233210	2271	1289360	2321	1346760	2371	1405410
2222	1234321	2272	1290496	2322	1347921	2372	1406596
2223	1235432	2273	1291632	2323	1349082	2373	1407782
2224	1236544	2274	1292769	2324	1350244	2374	1408969
2225	1237656	2275	1293906	2325	1351406	2375	1410156
2226	1238769	2276	1295044	2326	1352569	2376	1411344
2227	1239882	2277	1296182	2327	1353732	2377	1412532
2228	1240996	2278	1297321	2328	1354896	2378	1413721
2229	1242110	2279	1298460	2329	1356060	2379	1414910
2230	1243225	2280	1299600	2330	1357225	2380	1416100
2231	1244340	2281	1300740	2331	1358390	2381	1417290
2232	1245456	2282	1301881	2332	1359556	2382	1418481
2233	1246572	2283	1303022	2333	1360722	2383	1419672
2234	1247689	2284	1304164	2334	1361889	2384	1420864
2235	1248806	2285	1305306	2335	1363056	2385	1422056
2236	1249924	2286	1306449	2336	1364224	2386	1423249
2237	1251042	2287	1307592	2337	1365392	2387	1424442
2238	1252161	2288	1308736	2338	1366561	2388	1425636
2239	1253280	2289	1309880	2339	1367730	2389	1426830
2240	1254400	2290	1311025	2340	1368900	2390	1428025
2241	1255520	2291	1312170	2341	1370070	2391	1429220
2242	1256641	2292	1313316	2342	1371241	2392	1430416
2243	1257762	2293	1314462	2343	1372412	2393	1431612
2244	1258884	2294	1315609	2344	1373584	2394	1432809
2245	1260006	2295	1316756	2345	1374756	2395	1434006
2246	1261129	2296	1317904	2346	1375929	2396	1435204
2247	1262252	2297	1319052	2347	1377102	2397	1436402
2248	1263376	2298	1320201	2348	1378276	2398	1437601
2249	1264500	2299	1321350	2349	1379450	2399	1438800
2250	1265625	2300	1322500	2350	1380625	2400	1440000

2401	1441200	2451	1501850	2501	1563750	2551	1626900
2402	1442401	2452	1503076	2502	1565001	2552	1628176
2403	1443602	2453	1504302	2503	1566252	2553	1629452
2404	1444804	2454	1505529	2504	1567504	2554	1630729
2405	1446006	2455	1506756	2505	1568756	2555	1632006
2406	1447209	2456	1507984	2506	1570009	2556	1633284
2407	1448412	2457	1509212	2507	1571262	2557	1634562
2408	1449616	2458	1510441	2508	1572516	2558	1635841
2409	1450820	2459	1511670	2509	1573770	2559	1637120
2410	1452025	2460	1512900	2510	1575025	2560	1638400
2411	1453230	2461	1514130	2511	1576280	2561	1639680
2412	1454436	2462	1515361	2512	1577536	2562	1640961
2413	1455642	2463	1516592	2513	1578792	2563	1642242
2414	1456849	2464	1517824	2514	1580049	2564	1643524
2415	1458056	2465	1519056	2515	1581306	2565	1644806
2416	1459264	2466	1520289	2516	1582564	2566	1646089
2417	1460472	2467	1521522	2517	1583822	2567	1647372
2418	1461681	2468	1522756	2518	1585081	2568	1648656
2419	1462890	2469	1523990	2519	1586340	2569	1649940
2420	1464100	2470	1525225	2520	1587600	2570	1651225
2421	1465310	2471	1526460	2521	1588860	2571	1652510
2422	1466521	2472	1527696	2522	1590121	2572	1653796
2423	1467732	2473	1528932	2523	1591382	2573	1655082
2424	1468944	2474	1530169	2524	1592644	2574	1656369
2425	1470156	2475	1531406	2525	1593906	2575	1657656
2426	1471369	2476	1532644	2526	1595169	2576	1658944
2427	1472582	2477	1533882	2527	1596432	2577	1660252
2428	1473796	2478	1535121	2528	1597696	2578	1661521
2429	1475010	2479	1536360	2529	1598960	2579	1662810
2430	1476225	2480	1537600	2530	1600225	2580	1664100
2431	1477440	2481	1538840	2531	1601490	2581	1665390
2432	1478656	2482	1540081	2532	1602756	2582	1666681
2433	1479872	2483	1541322	2533	1604022	2583	1667972
2434	1481089	2484	1542564	2534	1605289	2584	1669264
2435	1482306	2485	1543806	2535	1606556	2585	1670556
2436	1483524	2486	1545049	2536	1607824	2586	1671849
2437	1484742	2487	1546292	2537	1609092	2587	1673142
2438	1485961	2488	1547536	2538	1610361	2588	1674436
2439	1487180	2489	1548780	2539	1611630	2589	1675730
2440	1488400	2490	1550025	2540	1612900	2590	1677025
2441	1489620	2491	1551270	2541	1614170	2591	1678320
2442	1490841	2492	1552516	2542	1615441	2592	1679616
2443	1492062	2493	1553762	2543	1616712	2593	1680912
2444	1493284	2494	1555009	2544	1617984	2594	1682209
2445	1494506	2495	1556256	2545	1619256	2595	1683506
2446	1495729	2496	1557504	2546	1620529	2596	1684804
2447	1496952	2497	1558752	2547	1621802	2597	1686102
2448	1498176	2498	1560001	2548	1623076	2598	1687401
2449	1499400	2499	1561250	2549	1624350	2599	1688700
2450	1500625	2500	1562500	2550	1625625	2600	1690000

2*

2601	1691300	2651	1756950	2701	1823850	2751	1892000
2602	1692601	2652	1758276	2702	1825201	2752	1893376
2603	1693902	2653	1759602	2703	1826552	2753	1894752
2604	1695204	2654	1760929	2704	1827904	2754	1896129
2605	1696506	2655	1762256	2705	1829256	2455	1897506
2606	1697809	2656	1765584	2706	1830609	2756	1898884
2607	1699112	2657	1764912	2707	1831962	2757	1900262
2608	1700416	2658	1766241	2708	1833316	2758	1901641
2609	1701720	2659	1767570	2709	1834670	2759	1903020
2610	1703025	2660	1768900	2710	1836025	2760	1904400
2611	1704330	2661	1770230	2711	1837380	2761	1905780
2612	1705636	2662	1771561	2712	1838736	2762	1907161
2613	1706942	2663	1772892	2713	1840092	2763	1908542
2614	1708249	2664	1774224	2714	1841449	2764	1909924
2615	1709556	2665	1775556	2715	1842806	2765	1911306
2616	1710864	2666	1776889	2716	1844164	2766	1912689
2617	1712172	2667	1778222	2717	1845522	2767	1914072
2618	1713481	2668	1779556	2718	1846881	2768	1915456
2619	1714790	2669	1780890	2719	1848240	2769	1916840
2620	1716100	2670	1782225	2720	1849600	2770	1918225
2621	1717410	2671	1783560	2721	1850960	2771	1919610
2622	1718721	2672	1784896	2722	1852321	2772	1920996
2623	1720032	2673	1786232	2723	1853682	2773	1922382
2624	1721344	2674	1787569	2724	1855044	2774	1923769
2625	1722656	2675	1788906	2725	1856406	2775	1925156
2626	1723969	2676	1790244	2726	1857769	2776	1926544
2627	1725282	2677	1791582	2727	1859132	2777	1927932
2628	1726596	2678	1792921	2728	1860496	2778	1929321
2629	1727910	2679	1794260	2729	1861860	2779	1930710
2630	1729225	2680	1795600	2730	1863225	2780	1932100
2631	1730540	2681	1796940	2731	1864590	2781	1933490
2632	1731856	2682	1798281	2732	1865956	2782	1934881
2633	1733172	2683	1799622	2733	1867322	2783	1936272
2634	1734489	2684	1800964	2734	1868689	2784	1937664
2635	1735806	2685	1802306	2735	1870056	2785	1939056
2636	1737124	2686	1803649	2736	1871424	2786	1940449
2637	1738442	2687	1804992	2737	1872792	2787	1941842
2638	1739761	2688	1806336	2738	1874161	2788	1943236
2639	1741080	2689	1807680	2739	1875530	2789	1944630
2640	1742400	2690	1809025	2740	1876900	2790	1946025
2641	1743720	2691	1810370	2741	1878270	2791	1947420
2642	1745041	2692	1811716	2742	1879641	2792	1948816
2643	1746362	2693	1813062	2743	1881012	2793	1950212
2644	1747684	2694	1814409	2744	1882384	2794	1951609
2645	1749006	2695	1815756	2745	1883756	2795	1953006
2646	1750329	2696	1817104	2746	1885129	2796	1954404
2647	1751652	2697	1818452	2747	1886502	2797	1955802
2648	1752976	2698	1819801	2748	1887876	2798	1957201
2649	1754300	2699	1821150	2749	1889250	2799	1958600
2650	1755625	2700	1822500	2750	1890625	2800	1960000

2801	1961400	2851	2052050	2901	2103950	2951	2177100
2802	1962801	2852	2033476	2902	2105401	2952	2178576
2803	1964202	2853	2034902	2903	2106852	2953	2180052
2804	1965604	2854	2036329	2904	2108304	2954	2181529
2805	1967006	2855	2037756	2905	2109756	2955	2183006
2806	1968409	2856	2039184	2906	2111209	2956	2184484
2807	1969812	2857	2040612	2907	2112662	2957	2185962
2808	1971216	2858	2042041	2908	2114116	2958	2187441
2809	1972620	2859	2043470	2909	2115570	2959	2188920
2810	1974025	2860	2044900	2910	2117025	2960	2190400
2811	1975430	2861	2046330	2911	2118480	2961	2191880
2812	1976836	2862	2047761	2912	2119936	2962	2193361
2813	1978242	2863	2049192	2913	2121392	2963	2194842
2814	1979649	2864	2050624	2914	2122849	2964	2196324
2815	1981056	2865	2052056	2915	2124306	2965	2197806
2816	1982464	2866	2053489	2916	2125764	2966	2199289
2817	1983872	2867	2054922	2917	2127222	2967	2200772
2818	1985281	2868	2056356	2918	2128681	2968	2202256
2819	1986690	2869	2057790	2919	2130140	2969	2203740
2820	1988100	2870	2059225	2920	2131600	2970	2205225
2821	1989510	2871	2060660	2921	2133060	2971	2206710
2822	1990921	2872	2062096	2922	2134521	2972	2208196
2823	1992332	2873	2063532	2923	2135982	2973	2209682
2824	1993744	2874	2064969	2924	2137444	2974	2211169
2825	1995156	2875	2066406	2925	2138906	2975	2212656
2826	1996569	2876	2067844	2926	2140369	2976	2214144
2827	1997982	2877	2069282	2927	2141832	2977	2215632
2828	1999396	2878	2070721	2928	2143296	2978	2217121
2829	2000810	2879	2072160	2929	2144760	2979	2218610
2830	2002225	2880	2073600	2930	2146225	2980	2220100
2831	2003640	2881	2075040	2931	2147690	2981	2221590
2832	2005056	2882	2076481	2932	2149156	2982	2223081
2833	2006472	2883	2077922	2933	2150622	2983	2224572
2834	2007889	2884	2079364	2934	2152089	2984	2226064
2835	2009306	2885	2080806	2935	2153556	2985	2227556
2836	2010724	2886	2082249	2936	2155024	2986	2229049
2837	2012142	2887	2083692	2937	2156492	2987	2230542
2838	2013561	2888	2085136	2938	2157961	2988	2232036
2839	2014980	2889	2086580	2939	2159430	2989	2233530
2840	2016400	2890	2088025	2940	2160900	2990	2235025
2841	2017820	2891	2089470	2941	2162370	2991	2236520
2842	2019241	2892	2090916	2942	2163841	2992	2238016
2843	2020662	2893	2092362	2943	2165312	2993	2239512
2844	2022084	2894	2093809	2944	2166784	2994	2241009
2845	2023506	2895	2095256	2945	2168256	2995	2242506
2846	2024929	2896	2096704	2946	2169729	2996	2244004
2847	2026352	2897	2098152	2947	2171202	2997	2245502
2848	2027776	2898	2099601	2948	2172676	2998	2247001
2849	2029200	2899	2101050	2949	2174150	2999	2248500
2850	2030625	2900	2102500	2950	2175625	3000	2250000

3001	2251500	3051	2527150	3101	2404050	3151	2482200
3002	2253001	3052	2528676	3102	2405601	3152	2483776
3003	2254502	3053	2330202	3103	2407152	3153	2485352
3004	2256004	3054	2331729	3104	2408704	3154	2486929
3005	2257506	3055	2533256	3105	2410256	3155	2488506
3006	2259009	3056	2334784	3106	2411809	3156	2490084
3007	2260512	3057	2336312	3107	2413362	3157	2491662
3008	2262016	3058	2337841	3108	2414916	3158	2493241
3009	2263520	3059	2339570	3109	2416470	3159	2494820
3010	2265025	3060	2340900	3110	2418025	3160	2496400
3011	2266530	3061	2342430	3111	2419580	3161	2497980
3012	2268036	3062	2343961	3112	2421136	3162	2499561
3013	2269542	3063	2345492	3113	2422692	3163	2501142
3014	2271049	3064	2347024	3114	2424249	3164	2502724
3015	2272556	3065	2348556	3115	2425806	3165	2504306
3016	2274064	3066	2350089	3116	2427364	3166	2505889
3017	2275572	3067	2351622	3117	2428922	3167	2507472
3018	2277081	3068	2353156	3118	2430481	3168	2509056
3019	2278590	3069	2354690	3119	2432040	3169	2510640
3020	2280100	3070	2356225	3120	2433600	3170	2512225
3021	2281610	3071	2357760	3121	2435160	3171	2513810
3022	2283121	3072	2359296	3122	2436721	3172	2515396
3023	2284632	3073	2360832	3123	2438282	3173	2516982
3024	2286144	3074	2362369	3124	2439844	3174	2518569
3025	2287656	3075	2363906	3125	2441406	3175	2520156
3026	2289169	3076	2365444	3126	2442969	3176	2521744
3027	2290682	3077	2366982	3127	2444532	3177	2523332
3028	2292196	3078	2368521	3128	2446096	3178	2524921
3029	2293710	3079	2370060	3129	2447660	3179	2526510
3030	2295225	3080	2371600	3130	2449225	3180	2528100
3031	2296740	3081	2373140	3131	2450790	3181	2529690
3032	2298256	3082	2374681	3132	2452356	3182	2531281
3033	2299772	3083	2376222	3133	2453922	3183	2532872
3034	2301289	3084	2377764	3134	2455489	3184	2534464
3035	2302806	3085	2379306	3135	2457056	3185	2536056
3036	2304324	3086	2380849	3136	2458624	3186	2537649
3037	2305842	3087	2382392	3137	2460192	3187	2539242
3038	2307361	3088	2383936	3138	2461761	3188	2540836
3039	2308880	3089	2385480	3139	2463330	3189	2542430
3040	2310400	3090	2387025	3140	2464900	3190	2544025
3041	2311920	3091	2388570	3141	2466470	3191	2545620
3042	2313441	3092	2390116	3142	2468041	3192	2547216
3043	2314962	3093	2391662	3143	2469612	3193	2548812
3044	2316484	3094	2393209	3144	2471184	3194	2550409
3045	2318006	3095	2394756	3145	2472756	3195	2552006
3046	2319529	3096	2396304	3146	2474329	3196	2553604
3047	2321052	3097	2397852	3147	2475902	3197	2555202
3048	2322576	3098	2399401	3148	2477476	3198	2556801
3049	2324100	3099	2400950	3149	2479050	3199	2558400
3050	2325625	3100	2402500	3150	2480625	3200	2560000

3201	2561600	3251	2642250	3301	2724150	3351	2807300
3202	2563201	3252	2643876	3302	2725801	3352	2808976
3203	2564802	3253	2645502	3303	2727452	3353	2810652
3204	2566404	3254	2647129	3304	2729104	3354	2812329
3205	2568006	3255	2648756	3305	2730756	3355	2814006
3206	2569609	3256	2650384	3306	2732409	3356	2815684
3207	2571212	3257	2652012	3307	2734062	3357	2817362
3208	2572816	3258	2653641	3308	2735716	3358	2819041
3209	2574420	3259	2655270	3309	2737370	3359	2820720
3210	2576025	3260	2656900	3310	2739025	3360	2822400
3211	2577630	3261	2658530	3311	2740680	3361	2824080
3212	2579256	3262	2660161	3312	2742336	3362	2825761
3213	2580842	3263	2661792	3313	2743992	3363	2827442
3214	2582449	3264	2663424	3314	2745649	3364	2829124
3215	2584056	3265	2665056	3315	2747306	3365	2830806
3216	2585664	3266	2666689	3316	2748964	3366	2832489
3217	2587272	3267	2668322	3317	2750622	3367	2834172
3218	2588881	3268	2669956	3318	2752281	3368	2835856
3219	2590490	3269	2671590	3319	2753940	3369	2837540
3220	2592100	3270	2673225	3320	2755600	3370	2839225
3221	2593710	3271	2674860	3321	2757260	3371	2840910
3222	2595321	3272	2676496	3322	2758921	3372	2842596
3223	2596932	3273	2978132	3323	2760582	3373	2844282
3224	2598544	3274	2679769	3324	2762244	3374	2845969
3225	2600156	3275	2681406	3325	2763906	3375	2847656
3226	2601769	3276	2683044	3326	2765569	3376	2849344
3227	2603382	3277	2684682	3327	2767232	3377	2851032
3228	2604996	3278	2686321	3328	2768896	3378	2852721
3229	2606610	3279	2687960	3329	2770560	3379	2854410
3230	2608225	3280	2689600	3330	2772225	3380	2856100
3231	2609840	3281	2691240	3331	2773890	3381	2857790
3232	2611456	3282	2692881	3332	2775556	3382	2859481
3233	2613072	3283	2694522	3333	2777222	3383	2861172
3234	2614689	3284	2696164	3334	2778889	3384	2862864
3235	2616306	3285	2697806	3335	2780556	3385	2864556
3236	2617924	3286	2699449	3336	2782224	3386	2866249
3237	2619542	3287	2701092	3337	2783892	3387	2867942
3238	2621161	3288	2702736	3338	2785561	3388	2869636
3239	2622780	3289	2704380	3339	2787230	3389	2871330
3240	2624400	3290	2706025	3340	2788900	3390	2873025
3241	2626020	3291	2707670	3341	2790570	3391	2874720
3242	2627641	3292	2709316	3342	2792241	3392	2876416
3243	2629262	3293	2710962	3343	2793912	3393	2878112
3244	2630884	3294	2712609	3344	2795584	3394	2879809
3245	2632506	3295	2714256	3345	2797256	3395	2881506
3246	2634129	3296	2715904	3346	2798929	3396	2883204
3247	2635752	3297	2717552	3347	2800602	3397	2884902
3248	2637376	3298	2719201	3348	2802276	3398	2886601
3249	2639000	3299	2720850	3349	2803950	3399	2888300
3250	2640625	3300	2722500	3350	2805625	3400	2890000

3401	2891700	3451	2977350	3501	3064250	3551	3152400
3402	2893401	3452	2979076	3502	3066001	3552	3154176
3403	2895102	3453	2980802	3503	3067752	3553	3155952
3404	2896804	3454	2982529	3504	3069504	3554	3157729
3405	2898506	3455	2984256	3505	3071256	3555	3159506
3406	2900209	3456	2985984	3506	3073009	3556	3161284
3407	2901912	3457	2987712	3507	3074762	3557	3163062
3408	2903616	3458	2989441	3508	3076516	3558	3164841
3409	2905320	3459	2991170	3509	3078270	3559	3166620
3410	2907025	3460	2992900	3510	3080025	3560	3168400
3411	2908730	3461	2994630	3511	3081780	3561	3170180
3412	2910436	3462	2996361	3512	3083536	3562	3171961
3413	2912142	3463	2998092	3513	3085292	3563	3173742
3414	2913849	3464	2999824	3514	3087049	3564	3175524
3415	2915556	3465	3001556	3515	3088806	3565	3177306
3416	2917264	3466	3003289	3516	3090564	3566	3179089
3417	2918972	3467	3005022	3517	3092322	3567	3180872
3418	2920681	3468	3006756	3518	3094081	3568	3182656
3419	2922390	3469	3008490	3519	3095840	3569	3184440
3420	2924100	3470	3010225	3520	3097600	3570	3186225
3421	2925810	3471	3011960	3521	3099360	3571	3188010
3422	2927521	3472	3013696	3522	3101121	3572	3189796
3423	2929232	3473	3015432	3523	3102882	3573	3191582
3424	2930944	3474	3017169	3524	3104644	3574	3193369
3425	2932656	3475	3018906	3525	3106406	3575	3195156
3426	2934369	3476	3020644	3526	3108169	3576	3196944
3427	2936082	3477	3022382	3527	3109932	3577	3198732
3428	2937796	3478	3024121	3528	3111696	3578	3200521
3429	2939510	3479	3025860	3529	3113460	3579	3202310
3430	2941225	3480	3027600	3530	3115225	3580	3204100
3431	2942940	3481	3029340	3531	3116990	3581	3205890
3432	2944656	3482	3031081	3532	3118756	3582	3207681
3433	2946372	3483	3032822	3533	3120522	3583	3209472
3434	2948089	3484	3034564	3534	3122289	3584	3211264
3435	2949806	3485	3036306	3535	3124056	3585	3213056
3436	2951524	3486	3038049	3536	3125824	3586	3214849
3437	2953242	3487	3039792	3537	3127592	3587	3216642
3438	2954961	3488	3041536	3538	3129361	3588	3218436
3439	2956680	3489	3043280	3539	3131130	3589	3220230
3440	2958400	3490	3045025	3540	3132900	3590	3222025
3441	2960120	3491	3046770	3541	3134670	3591	3223820
3442	2961841	3492	3048516	3542	3136441	3592	3225616
3443	2963562	3493	3050262	3543	3138212	3593	3227412
3444	2965284	3494	3052009	3544	3139984	3594	3229209
3445	2967006	3495	3053756	3545	3141756	3595	3231006
3446	2968729	3496	3055504	3546	3143529	3596	3232804
3447	2970452	3497	3057252	3547	3145302	3597	3234602
3448	2972176	3498	3059001	3548	3147076	3598	3236401
3449	2973900	3499	3060750	3549	3148850	3599	3238200
3450	2975625	3500	3062500	3550	3150625	3600	3240000

3601	3241800	3651	3332450	3701	3424350	3751	3517500
3602	3243601	3652	3334276	3702	3426201	3752	3519376
3603	3245402	3653	3336102	3703	3428052	3753	3521252
3604	3247204	3654	3337929	3704	3429904	3754	3523129
3605	3249006	3655	3339756	3705	3431756	3755	3525006
3606	3250809	3656	3341584	3706	3433609	3756	3526884
3607	3252612	3657	3343412	3707	3435462	3757	3528762
3608	3254416	3658	3345241	3708	3437316	3758	3530641
3609	3256220	3659	3347070	3709	3439170	3759	3532520
3610	3258025	3660	3348900	3710	3441025	3760	3534400
3611	3259830	3661	3350730	3711	3442880	3761	3536280
3612	3261636	3662	3352561	3712	3444736	3762	3538161
3613	3263442	3663	3354392	3713	3446592	3763	3540042
3614	3265249	3664	3356224	3714	3448449	3764	3541924
3615	3267056	3665	3358056	3715	3450306	3765	3543806
3616	3268864	3666	3359889	3716	3452164	3766	3545689
3617	3270672	3667	3361722	3717	3454022	3767	3547572
3618	3272481	3668	3363556	3718	3455881	3768	3549456
3619	3274290	3669	3365390	3719	3457740	3769	3551340
3620	3276100	3670	3367225	3720	3459600	3770	3553225
3621	3277910	3671	3369060	3721	3461460	3771	3555110
3622	3279721	3672	3370896	3722	3463321	3772	3556996
3623	3281532	3673	3372732	3723	3465182	3773	3558882
3624	3283344	3674	3374569	3724	3467044	3774	3560769
3625	3285156	3675	3376406	3725	3468906	3775	3562656
3626	3286969	3676	3378214	3726	3470769	3776	3564544
3627	3288782	3677	3380082	3727	3472632	3777	3566432
3628	3290596	3678	3381921	3728	3474496	3778	3568321
3629	3292410	3679	3383760	3729	3476360	3779	3570210
3630	3294225	3680	3385600	3730	3478225	3780	3572100
3631	3296040	3681	3387440	3731	3480090	3781	3573990
3632	3297856	3682	3389281	3732	3481956	3782	3575881
3633	3299672	3683	3391122	3733	3483822	3783	3577772
3634	3301489	3684	3392964	3734	3485689	3784	3579664
3635	3303306	3685	3394806	3735	3487556	3785	3581556
3636	3305124	3686	3396649	3736	3489424	3786	3583449
3637	3306942	3687	3398492	3737	3491292	3787	3585342
3638	3308761	3688	3400336	3738	3493161	3788	3587236
3639	3310580	3689	3402180	3739	3495030	3789	3589130
3640	3312400	3690	3404025	3740	3496900	3790	3591025
3641	3314220	3691	3405870	3741	3498770	3791	3592920
3642	3316041	3692	3407716	3742	3500641	3792	3594816
3643	3317862	3693	3409562	3743	3502512	3793	3596712
3644	3319684	3694	3411409	3744	3504384	3794	3598609
3645	3321506	3695	3413256	3745	3506256	3795	3600506
3646	3323329	3696	3415104	3746	3508129	3796	3602404
3647	3325152	3697	3416952	3747	3510002	3797	3604302
3648	3326976	3698	3418801	3748	3511876	3798	3606201
3649	3328800	3699	3420650	3749	3513750	3799	3608100
3650	3330625	3700	3422500	3750	3515625	3800	3610000

3801	3611900	3851	3707550	3901	3804450	3951	3902600
3802	3613801	3852	3709476	3902	3806401	3952	3904576
3803	3615702	3853	3711402	3903	3808352	3953	3906552
3804	3617604	3854	3713329	3904	3810304	3954	3908529
3805	3619506	3855	3715256	3905	3812256	3955	3910506
3806	3621409	3856	3717184	3906	3814209	3956	3912484
3807	3623312	3857	3719112	3907	3816162	3957	3914462
3808	3625216	3858	3721041	3908	3818116	3958	3916441
3809	3627120	3859	3722970	3909	3820070	3959	3918420
3810	3629025	3860	3724900	3910	3822025	3960	3920400
3811	3630930	3861	3726830	3911	3823980	3961	3922380
3812	3632836	3862	3728761	3912	3825936	3962	3924361
3813	3634742	3863	3730692	3913	3827892	3963	3926342
3814	3636649	3864	3732624	3914	3829849	3964	3928324
3815	3638556	3865	3734556	3915	3831806	3965	3930306
3816	3640464	3866	3736489	3916	3833764	3966	3932289
3817	3642372	3867	3738422	3917	3835722	3967	3934272
3818	3644281	3868	3740356	3918	3837681	3968	3936256
3819	3646190	3869	3742290	3919	3839640	3969	3938240
3820	3648100	3870	3744225	3920	3841600	3970	3940225
3821	3650010	3871	3746160	3921	3843560	3971	3942210
3822	3651921	3872	3748096	3922	3845521	3972	3944196
3823	3653832	3873	3750032	3923	3847482	3973	3946182
3824	3655744	3874	3751969	3924	3849444	3974	3948169
3825	3657656	3875	3753906	3925	3851406	3975	3950156
3826	3659569	3876	3755844	3926	3853369	3976	3952144
3827	3661482	3877	3757782	3927	3855332	3977	3954132
3828	3663396	3878	3759721	3928	3857296	3978	3956121
3829	3665310	3879	3761660	3929	3859260	3979	3958110
3830	3667225	3880	3763600	3930	3861225	3980	3960100
3831	3669140	3881	3765540	3931	3863190	3981	3962090
3832	3671056	3882	3767481	3932	3865156	3982	3964081
3833	3672972	3883	3769422	3933	3867122	3983	3966072
3834	3674889	3884	3771364	3934	3869089	3984	3968064
3835	3676806	3885	3773306	3935	3871056	3985	3970056
3836	3678724	3886	3775249	3936	3873024	3986	3972049
3837	3680642	3887	3777192	3937	3874992	3987	3974042
3838	3682561	3888	3779136	3938	3876961	3988	3976036
3839	3684480	3889	3781080	3939	3878930	3989	3978030
3840	3686400	3890	3783025	3940	3880900	3990	3980025
3841	3688320	3891	3784970	3941	3882870	3991	3982020
3842	3690241	3892	3786916	3942	3884841	3992	3984016
3843	3692162	3893	3788862	3943	3886812	3993	3986012
3844	3694084	3894	3790809	3944	3888784	3994	3988009
3845	3696006	3895	3792756	3945	3890756	3995	3990006
3846	3697929	3896	3794704	3946	3892729	3996	3992004
3847	3699852	3897	3796652	3947	3894702	3997	3994002
3848	3701776	3898	3798601	3948	3896676	3998	3996001
3849	3703700	3899	3800550	3949	3898650	3999	3998000
3850	3705625	3900	3802500	3950	3900625	4000	4000000

4001	4002000	4051	4102650	4101	4204550	4151	4307700
4002	4004001	4052	4104676	4102	4206601	4152	4309776
4003	4006002	4053	4106702	4103	4208652	4153	4311852
4004	4008004	4054	4108729	4104	4210704	4154	4313929
4005	4010006	4055	4110756	4105	4212756	4155	4316006
4006	4012009	4056	4112784	4106	4214809	4156	4318084
4007	4014012	4057	4114812	4107	4216862	4157	4320162
4008	4016016	4058	4116841	4108	4218916	4158	4322241
4009	4018020	4059	4118870	4109	4220970	4159	4324320
4010	5020025	4060	4120900	4110	4223025	4160	4326400
4011	4022030	4061	4122930	4111	4225080	4161	4328480
4012	4024036	4062	4124961	4112	4227136	4162	4330561
4013	4026042	4063	4126992	4113	4229192	4163	4332612
4014	4028049	4064	4129024	4114	4231249	4164	4334724
4015	4030056	4065	4131056	4115	4233306	4165	4336806
4016	4032064	4066	4133089	4116	4235364	4166	4338889
4017	4034072	4067	4135122	4117	4237422	4167	4340972
4018	4036081	4068	4137156	4118	4239481	4168	4343056
4019	4038090	4069	4139190	4119	4241540	4169	4345140
4020	4040100	4070	4141225	4120	4243600	4170	4347225
4021	4042110	4071	4143260	4121	4245660	4171	4349310
4022	4044121	4072	4145296	4122	4247721	4172	4351396
4023	4046132	4073	4147332	4123	4249782	4173	4353482
4024	4048144	4074	4149369	4124	4251844	4174	4355569
4025	4050156	4075	4151406	4125	4253906	4175	4357656
4026	4052169	4076	4153444	4126	4255969	4176	4359744
4027	4054182	4077	4155482	4127	4258032	4177	4361832
4028	4056196	4078	4157521	4128	4260096	4178	4363921
4029	4058210	4079	4159560	4129	4262160	4179	4366010
4030	4060225	4080	4161600	4130	4264225	4180	4368100
4031	4062240	4081	4163640	4131	4266290	4181	4370190
4032	4064256	4082	4165681	4132	4268356	4182	4372281
4033	4066272	4083	4167722	4133	4270422	4183	4374372
4034	4068289	4084	4169764	4134	4272489	4184	4376464
4035	4070306	4085	4171806	4135	4274556	4185	4378556
4036	4072324	4086	4173849	4136	4276624	4186	4380649
4037	4074342	4087	4175892	4137	4278692	4187	4382742
4038	4076361	4088	4177936	4138	4280761	4188	4384836
4039	4078380	4089	4179980	4139	4282830	4189	4386930
4040	4080400	4090	4182025	4140	4284900	4190	4389025
4041	4082420	4091	4184070	4141	4286970	4191	4391120
4042	4084441	4092	4186116	4142	4289041	4192	4393216
4043	4086462	4093	4188162	4143	4291112	4193	4395312
4044	4088484	4094	4190209	4144	4293184	4194	4397409
4045	4090506	4095	4192256	4145	4295256	4195	4399506
4046	4092529	4096	4194304	4146	4297329	4196	4401604
4047	4094552	4097	4196352	4147	4299402	4197	4403702
4048	4096576	4098	4198401	4148	4301476	4198	4405801
4049	4098600	4099	4200450	4149	4303550	4199	4407900
4050	4100625	4100	4202500	4150	4305625	4200	4410000

4201	4412100	4251	4517750	4301	4624650	4351	4732800
4202	4414201	4252	4519876	4302	4626801	4352	4734976
4203	4416302	4253	4522002	4303	4628952	4353	4737152
4204	4418404	4254	4524129	4304	4631104	4354	4739329
4205	4420506	4255	4526256	4305	4633256	4355	4741506
4206	4422609	4256	4528384	4306	4635409	4356	4743684
4207	4424712	4257	4530512	4307	4637562	4357	4745862
4208	4426816	4258	4532641	4308	4639716	4358	4748041
4209	4428920	4259	4534770	4309	4641870	4359	4750220
4210	4431025	4260	4536900	4310	4644025	4360	4752400
4211	4433130	4261	4539050	4311	4646180	4361	4754580
4212	4435236	4262	4541161	4312	4648336	4362	4756761
4213	4437342	4263	4543292	4313	4650492	4363	4758942
4214	4439449	4264	4545424	4314	4652649	4364	4761124
4215	4441556	4265	4547556	4315	4654806	4365	4763306
4216	4443664	4266	4549689	4316	4656964	4366	4765489
4217	4445772	4267	4551822	4317	4659122	4367	4767672
4218	4447881	4268	4553956	4318	4661281	4368	4769856
4219	4449990	4269	4556090	4319	4663440	4369	4772040
4220	4452100	4270	4558225	4320	4665600	4370	4774225
4221	4454210	4271	4560360	4321	4667760	4371	4776410
4222	4456321	4272	4562496	4322	4669921	4372	4778596
4223	4458432	4273	4564632	4323	4672082	4373	4780782
4224	4460544	4274	4566769	4324	4674244	4374	4782969
4225	4462656	4275	4568906	4325	4676406	4375	4785156
4226	4464769	4276	4571044	4326	4678569	4376	4787344
4227	4466882	4277	4573182	4327	4680732	4377	4789532
4228	4468996	4278	4575321	4328	4682896	4378	4791721
4229	4471110	4279	4577460	4329	4685060	4379	4793910
4230	4473225	4280	4579600	4330	4687225	4380	4796100
4231	4475340	4281	4581740	4331	4689390	4381	4798290
4232	4477456	4282	4583881	4332	4691556	4382	4800481
4233	4479572	4283	4586022	4333	4693722	4383	4802672
4234	4481689	4284	4588164	4334	4695889	4384	4804864
4235	4483806	4285	4590306	4335	4698056	4385	4807056
4236	4485924	4286	4592449	4336	4700224	4386	4809249
4237	4488042	4287	4594592	4337	4702392	4387	4811442
4238	4490161	4288	4596736	4338	4704561	4388	4813636
4239	4492280	4289	4598880	4339	4706730	4389	4815830
4240	4494400	4290	4601025	4340	4708900	4390	4818025
4241	4496520	4291	4603170	4341	4711070	4391	4820220
4242	4498641	4292	4605316	4342	4713241	4392	4822416
4243	4500762	4293	4607462	4343	4715412	4393	4824612
4244	4502884	4294	4609609	4344	4717584	4394	4826809
4245	4505006	4295	4611756	4345	4719756	4395	4829006
4246	4507129	4296	4613904	4346	4721929	4396	4831204
4247	4509252	4297	4616052	4347	4724102	4397	4833402
4248	4511376	4298	4618201	4348	4726276	4398	4835601
4249	4513500	4299	4620350	4349	4728450	4399	4837800
4250	4515625	4300	4622500	4350	4730625	4400	4840000

4401	4842200	4451	4952850	4501	5064750	4551	5177900
4402	4844401	4452	4955076	4502	5067001	4552	5180176
4403	4846602	4453	4957302	4503	5069252	4553	5182452
4404	4848804	4454	4959529	4504	5071504	4554	5184729
4405	4851006	4455	4961756	4505	5073756	4555	5187006
4406	4853209	4456	4963984	4506	5076009	4556	5189284
4407	4855412	4457	4966212	4507	5078262	4557	5191562
4408	4857616	4458	4968441	4508	5080516	4558	5193841
4409	4859820	4459	4970670	4509	5082770	4559	5196120
4410	4862025	4460	4972900	4510	5085025	4560	5198400
4411	4864230	4461	4975130	4511	5087280	4561	5200680
4412	4866436	4462	4977361	4512	5089536	4562	5202961
4413	4868642	4463	4979592	4513	5091792	4563	5205242
4414	4870849	4464	4981824	4514	5094049	4564	5207524
4415	4873056	4465	4984056	4515	5096306	4565	5209806
4416	4875264	4466	4986289	4516	5098564	4566	5212089
4417	4877472	4467	4988522	4517	5100822	4567	5214372
4418	4879681	4468	4990756	4518	5103081	4568	5216656
4419	4881890	4469	4992990	4519	5105340	4569	5218940
4420	4884100	4470	4995225	4520	5107600	4570	5221225
4421	4886310	4471	4997460	4521	5109860	4571	5223510
4422	4888521	4472	4999696	4522	5112121	4572	5225796
4423	4890732	4473	5001932	4523	5114382	4573	5228082
4424	4892944	4474	5004169	4524	5116644	4574	5230369
4425	4895156	4475	5006406	4525	5118906	4575	5232656
4426	4897369	4476	5008644	4526	5121169	4576	5234944
4427	4899582	4477	5010882	4527	5123432	4577	5237232
4428	4901796	4478	5013121	4528	5125696	4578	5239521
4429	4904010	4479	5015360	4529	5127960	4579	5241810
4430	4906225	4480	5017600	4530	5130225	4580	5244100
4431	4908440	4481	5019840	4531	5132490	4581	5246390
4432	4910656	4482	5022081	4532	5134756	4582	5248681
4433	4912872	4483	5024322	4533	5137022	4583	5250972
4434	4915089	4484	5026564	4534	5139289	4584	5253264
4435	4917306	4485	5028806	4535	5141556	4585	5255556
4436	4919524	4486	5031049	4536	5143824	4586	5257849
4437	4921742	4487	5033292	4537	5146092	4587	5260142
4438	4923961	4488	5035536	4538	5148361	4588	5262436
4439	4926180	4489	5037780	4539	5150630	4589	5264730
4440	4928400	4490	5040025	4540	5152900	4590	5267025
4441	4930620	4491	5042270	4541	5155170	4591	5269320
4442	4932841	4492	5044516	4542	5157441	4592	5271616
4443	4935062	4493	5046762	4543	5159712	4593	5273912
4444	4937284	4494	5049009	4544	5161984	4594	5276209
4445	4939506	4495	5051256	4545	5164256	4595	5278506
4446	4941729	4496	5053504	4546	5166529	4596	5280804
4447	4943952	4497	5055752	4547	5168802	4597	5283102
4448	4946176	4498	5058001	4548	5171076	4598	5285401
4449	4948400	4499	5060250	4549	5173350	4599	5287700
4450	4950625	4500	5062500	4550	5175625	4600	5290000

4601	5292300	4651	5407950	4701	5524850	4751	5643000
4602	5294601	4652	5410276	4702	5527201	4752	5645376
4603	5296902	4653	5412602	4703	5529552	4753	5647752
4604	5299204	4654	5414929	4704	5531904	4754	5650129
4605	5301506	4655	5417256	4705	5534256	4755	5652506
4606	5303809	4656	5419584	4706	5536609	4756	5654884
4607	5306112	4657	5421912	4707	5538962	4757	5657262
4608	5308416	4658	5424241	4708	5541316	4758	5659641
4609	5310720	4659	5426570	4709	5543670	4759	5662020
4610	5313025	4660	5428900	4710	5546025	4760	5664400
4611	5315330	4661	5431230	4711	5548380	4761	5666780
4612	5317636	4662	5433561	4712	5550736	4762	5669161
4613	5319942	4663	5435892	4713	5553092	4763	5671542
4614	5322249	4664	5438224	4714	5555449	4764	5673924
4615	5324556	4665	5440556	4715	5557806	4765	5676306
4616	5326864	4666	5442889	4716	5560164	4766	5678689
4617	5329172	4667	5445222	4717	5562522	4767	5681072
4618	5331481	4668	5447556	4718	5564881	4768	5683456
4619	5333790	4669	5449890	4719	5567240	4769	5685840
4620	5336100	4670	5452225	4720	5569600	4770	5688225
4621	5338410	4671	5454560	4721	5571960	4771	5690610
4622	5340721	4672	5456896	4722	5574321	4772	5692996
4623	5343032	4673	5459232	4723	5576682	4773	5695382
4624	5345344	4674	5461569	4724	5579044	4774	5697769
4625	5347656	4675	5463906	4725	5581406	4775	5700156
4626	5349969	4676	5466244	4726	5583769	4776	5702544
4627	5352282	4677	5468582	4727	5586132	4777	5704932
4628	5354596	4678	5470921	4728	5588496	4778	5707321
4629	5356910	4679	5473260	4729	5590860	4779	5709710
4630	5359225	4680	5475600	4730	5593225	4780	5712100
4631	5361540	4681	5477940	4731	5595590	4781	5714490
4632	5363856	4682	5480281	4732	5597956	4782	5716881
4633	5366172	4683	5482622	4733	5600322	4783	5719272
4634	5368489	4684	5484964	4734	5602689	4784	5721664
4635	5370806	4685	5487306	4735	5605056	4785	5724056
4636	5373124	4686	5489649	4736	5607424	4786	5726449
4637	5375442	4687	5491992	4737	5609792	4787	5728842
4638	5377761	4688	5494336	4738	5612161	4788	5731236
4639	5380080	4689	5496680	4739	5614530	4789	5733630
4640	5382400	4690	5499025	4740	5616900	4790	5736025
4641	5384720	4691	5501370	4741	5619270	4791	5738420
4642	5387041	4692	5503716	4742	5621641	4792	5740816
4643	5389362	4693	5506062	4743	5624012	4793	5743212
4644	5391684	4694	5508409	4744	5626384	4794	5745609
4645	5394006	4695	5510756	4745	5628756	4795	5748006
4646	5396329	4696	5513104	4746	5631129	4796	5750404
4647	5398652	4697	5515452	4747	5633502	4797	5752802
4648	5400976	4698	5517801	4748	5635876	4798	5755201
4649	5403300	4699	5520150	4749	5638250	4799	5757600
4650	5405625	4700	5522500	4750	5640625	4800	5760000

4801	5762400	4851	5383050	4901	6004950	4951	6128100
4802	5764801	4852	5885476	4902	6007401	4952	6130576
4803	5767202	4853	5887902	4903	6009852	4953	6133052
4804	5769604	4854	5890329	4904	6012304	4954	6135529
4805	5772006	4855	5892756	4905	6014756	4955	6138006
4806	5774409	4856	5895184	4906	6017209	4956	6140484
4807	5776812	4857	5897612	4907	6019662	4957	6142962
4808	5779216	4858	5900041	4908	6022116	4958	6145441
4809	5781620	4859	5902470	4909	6024570	4959	6147920
4810	5784025	4860	5904900	4910	6027025	4960	6150400
4811	5786430	4861	5907330	4911	6029480	4961	6152880
4812	5788836	4862	5909761	4912	6031936	4962	6155361
4813	5791242	4863	5912192	4913	6034392	4963	6157842
4814	5793649	4864	5914624	4914	6036849	4964	6160324
4815	5796056	4865	5917056	4915	6039306	4965	6162806
4816	5798464	4866	5919489	4916	6041764	4966	6165289
4817	5800872	4867	5921922	4917	6044222	4967	6167772
4818	5803281	4868	5924356	4918	6046681	4968	6170256
4819	5805690	4869	5926790	4919	6049140	4969	6172740
4820	5808100	4870	5929225	4920	6051600	4970	6175225
4821	5810510	4871	5931660	4921	6054060	4971	6177710
4822	5812921	4872	5934096	4922	6056521	4972	6180196
4823	5815332	4873	5936532	4923	6058982	4973	6182682
4824	5817744	4874	5938969	4924	6061444	4974	6185169
4825	5820156	4875	5941406	4925	6063906	4975	6187656
4826	5822569	4876	5943844	4926	6066369	4976	6190144
4827	5824982	4877	5946282	4927	6068832	4977	6192632
4828	5827396	4878	5948721	4928	6071296	4978	6195121
4829	5829810	4879	5951160	4929	6073760	4979	6197610
4830	5832225	4880	5953600	4930	6076225	4980	6200100
4831	5834640	4881	5956040	4931	6078690	4981	6202590
4832	5837056	4882	5958481	4932	6081156	4982	6205081
4833	5839472	4883	5960922	4933	6083622	4983	6207572
4834	5841889	4884	5963364	4934	6086089	4984	6210064
4835	5844306	4885	5965806	4935	6088556	4985	6212556
4836	5846724	4886	5968249	4936	6091024	4986	6215049
4837	5849142	4887	5970692	4937	6093492	4987	6217542
4838	5851561	4888	5973136	4938	6095961	4988	6220036
4839	5853980	4889	5975580	4939	6098430	4989	6222530
4840	5856400	4890	5978025	4940	6100900	4990	6225025
4841	5858820	4891	5980470	4941	6103370	4991	6227520
4842	5861241	4892	5982916	4942	6105841	4992	6230016
4843	5863662	4893	5985362	4943	6108312	4993	6232512
4844	5866084	4894	5987809	4944	6110784	4994	6235009
4845	5868506	4895	5990256	4945	6113256	4995	6237506
4846	5870929	4896	5992704	4946	6115729	4996	6240004
4847	5873352	4897	5995152	4947	6118202	4997	6242502
4848	5875776	4898	5997601	4948	6120676	4998	6245001
4849	5878200	4899	6000050	4949	6123150	4999	6247500
4850	5880625	4900	6002500	4950	6125625	5000	6250000

5001	6252500	5051	6378150	5101	6505050	5151	6633200
5002	6255001	5052	6380676	5102	6507601	5152	6635776
5003	6257502	5053	6383202	5103	6510152	5153	6638352
5004	6260004	5054	6385729	5104	6512704	5154	6640929
5005	6262506	5055	6388256	5105	6515256	5155	6643506
5006	6265009	5056	6390784	5106	6517809	5156	6646084
5007	6267512	5057	6393312	5107	6520362	5157	6648662
5008	6270016	5058	6395841	5108	6522916	5158	6651241
5009	6272520	5059	6398370	5109	6525470	5159	6653820
5010	6275025	5060	6400900	5110	6528025	5160	6656400
5011	6277530	5061	6403430	5111	6530580	5161	6658980
5012	6280036	5062	6405961	5112	6533136	5162	6661561
5013	6282542	5063	6408492	5113	6535692	5163	6664142
5014	6285049	5064	6411024	5114	6538249	5164	6666724
5015	6287556	5065	6413556	5115	6540806	5165	6669306
5016	6290064	5066	6416089	5116	6543364	5166	6671889
5017	6292572	5067	6418622	5117	6545922	5167	6674472
5018	6295081	5068	6421156	5118	6548481	5168	6677056
5019	6297590	5069	6423690	5119	6551040	5169	6679640
5020	6300100	5070	6426225	5120	6553600	5170	6682225
5021	6302610	5071	6428760	5121	6556160	5171	6684810
5022	6305121	5072	6431296	5122	6558721	5172	6687396
5023	6307632	5073	6433852	5123	6561282	5173	6689982
5024	6310144	5074	6436369	5124	6563844	5174	6692569
5025	6312656	5075	6438906	5125	6566406	5175	6695156
5026	6315169	5076	6441444	5126	6568969	5176	6697744
5027	6317682	5077	6443982	5127	6571532	5177	6700332
5028	6320196	5078	6446521	5128	6574096	5178	6702921
5029	6322710	5079	6449060	5129	6576660	5179	6705510
5030	6325225	5080	6451600	5130	6579225	5180	6708100
5031	6327740	5081	6454140	5131	6581790	5181	6710690
5032	6330256	5082	6456681	5132	6584356	5182	6713281
5033	6332772	5083	6459222	5133	6586922	5183	6715872
5034	6335289	5084	6461764	5134	6589489	5184	6718464
5035	6337806	5085	6464306	5135	6592056	5185	6721056
5036	6340324	5086	6466849	5136	6594624	5186	6723649
5037	6342842	5087	6469392	5137	6597192	5187	6726242
5038	6345361	5088	6471936	5138	6599761	5188	6728836
5039	6347880	5089	6474480	5139	6602330	5189	6731430
5040	6350400	5090	6477025	5140	6604900	5190	6734025
5041	6352920	5091	6479570	5141	6607470	5191	6736620
5042	6355441	5092	6482116	5142	6610041	5192	6739216
5043	6357962	5093	6484662	5143	6612612	5193	6741812
5044	6360484	5094	6487209	5144	6615184	5194	6744409
5045	6363006	5095	6489756	5145	6617756	5195	6747006
5046	6365529	5096	6492304	5146	6620329	5196	6749604
5047	6368052	5097	6494852	5147	6622902	5197	6752202
5048	6370576	5098	6497401	5148	6625476	5198	6754801
5049	6373100	5099	6499950	5149	6628050	5199	6757400
5050	6375625	5100	6502500	5150	6630625	5200	6760000

5201	6762600	5251	6893250	5301	7025150	5351	7158300
5202	6765201	5252	6895876	5302	7027801	5352	7160976
5203	6767802	5253	6898502	5303	7030452	5353	7163652
5204	6770404	5254	6901129	5304	7033104	5354	7166329
5205	6773006	5255	6903756	5305	7035756	5355	7169006
5206	6775609	5256	6906384	5306	7038409	5356	7171684
5207	6778212	5257	6909012	5307	7041062	5357	7174362
5208	6780816	5258	6911641	5308	7043716	5358	7177041
5209	6783420	5259	6914270	5309	7046370	5359	7179720
5210	6786025	5260	6916900	5310	7049025	5360	7182400
5211	6788630	5261	6919530	5311	7051680	5361	7185080
5212	6791236	5262	6922161	5312	7054336	5362	7187761
5213	6793842	5263	6924792	5313	7056992	5363	7190442
5214	6796449	5264	6927424	5314	7059649	5364	7193124
5215	6799056	5265	6930056	5315	7062306	5365	7195806
5216	6801664	5266	6932689	5316	7064964	5366	7198489
5217	6804272	5267	6935322	5317	7067622	5367	7201172
5218	6806881	5268	6937956	5318	7070281	5368	7203856
5219	6809490	5269	6940590	5319	7072940	5369	7206540
5220	6812100	5270	6943225	5320	7075600	5370	7209225
5221	6814710	5271	6945860	5321	7078260	5371	7211910
5222	6817321	5272	6948496	5322	7080921	5372	7214596
5223	6819932	5273	6951132	5323	7083582	5373	7217282
5224	6822544	5274	6953769	5324	7086244	5374	7219969
5225	6825156	5275	6956406	5325	7088906	5375	7222656
5226	6827769	5276	6959044	5326	7091569	5376	7225344
5227	6830382	5277	6961682	5327	7094232	5377	7228032
5228	6832996	5278	6964321	5328	7096896	5378	7230721
5229	6835610	5279	6966960	5329	7099560	5379	7233410
5230	6838225	5280	6969600	5330	7102225	5380	7236100
5231	6840840	5281	6972240	5331	7104890	5381	7238790
5232	6843456	5282	6974881	5332	7107556	5382	7241481
5233	6846072	5283	6977522	5333	7110222	5383	7244172
5234	6848689	5284	6980164	5334	7112889	5384	7246864
5235	6851306	5285	6982806	5335	7115556	5385	7249556
5236	6853924	5286	6985449	5336	7118224	5386	7252249
5237	6856542	5287	6988092	5337	7120892	5387	7254942
5238	6859161	5288	6990736	5338	7123561	5388	7257636
5239	6861780	5289	6993380	5339	7126230	5389	7260330
5240	6864400	5290	6996025	5340	7128900	5390	7263025
5241	6867020	5291	6998670	5341	7131570	5391	7265720
5242	6869641	5292	7001316	5342	7134241	5392	7268416
5243	6872262	5293	7003962	5343	7136912	5393	7271112
5244	6874884	5294	7006609	5344	7139584	5394	7273809
5245	6877506	5295	7009256	5345	7142256	5395	7276506
5246	6880129	5296	7011904	5346	7144929	5396	7279204
5247	6882752	5297	7014552	5347	7147602	5397	7281902
5248	6885376	5298	7017201	5348	7150276	5398	7284601
5249	6888000	5299	7019850	5349	7152950	5399	7287300
5250	6890625	5300	7022500	5350	7155625	5400	7290000

5401	7292700	5451	7428350	5501	7563250	5551	7703400
5402	7295401	5452	7431076	5502	7568001	5552	7706176
5403	7298102	5453	7433802	5503	7570752	5553	7708952
5404	7300804	5454	7436529	5504	7573504	5554	7711729
5405	7303506	5455	7439256	5505	7576256	5555	7714506
5406	7306209	5456	7441984	5506	7579009	5556	7717284
5407	7308912	5457	7444712	5507	7581762	5557	7720062
5408	7311616	5458	7447441	5508	7584516	5558	7722841
5409	7314320	5459	7450170	5509	7587270	5559	7725620
5410	7317025	5460	7452900	5510	7590025	5560	7728400
5411	7319730	5461	7455630	5511	7592780	5561	7731180
5412	7322436	5462	7458361	5512	7595536	5562	7733961
5413	7325142	5463	7461092	5513	7598292	5563	7736742
5414	7327849	5464	7463824	5514	7601049	5564	7739524
5415	7330556	5465	7466556	5515	7603806	5565	7742306
5416	7333264	5466	7469289	5516	7606564	5566	7745089
5417	7335972	5467	7472022	5517	7609322	5567	7747872
5418	7338681	5468	7474756	5518	7612081	5568	7750656
5419	7341390	5469	7477490	5519	7614840	5569	7753440
5420	7344100	5470	7480225	5520	7617600	5570	7756225
5421	7346810	5471	7482960	5521	7620360	5571	7759010
5422	7349521	5472	7485696	5522	7623121	5572	7761796
5423	7352232	5473	7488432	5523	7625882	5573	7764582
5424	7354944	5474	7491169	5524	7628644	5574	7767369
5425	7357656	5475	7493906	5525	7631406	5575	7770156
5426	7360369	5476	7496644	5526	7634169	5576	7772944
5427	7363082	5477	7499382	5527	7636952	5577	7775732
5428	7365796	5478	7502121	5528	7639696	5578	7778521
5429	7368510	5479	7504860	5529	7642460	5579	7781310
5430	7371225	5480	7507600	5530	7645225	5580	7784100
5431	7373940	5481	7510340	5531	7647990	5581	7786890
5432	7376656	5482	7513081	5532	7650756	5582	7789681
5433	7379372	5483	7515822	5533	7653522	5583	7792472
5434	7382089	5484	7518564	5534	7656289	5584	7795264
5435	7384806	5485	7521306	5535	7659056	5585	7798056
5436	7387524	5486	7524049	5536	7661824	5586	7800849
5437	7390242	5487	7526792	5537	7664592	5587	7803642
5438	7392961	5488	7529536	5538	7667361	5588	7806436
5439	7395680	5489	7532280	5539	7670130	5589	7809230
5440	7398400	5490	7535025	5540	7672900	5590	7812025
5441	7401120	5491	7537770	5541	7675670	5591	7814820
5442	7403841	5492	7540516	5542	7678441	5592	7817616
5443	7406562	5493	7543262	5543	7681212	5593	7820412
5444	7409284	5494	7546009	5544	7683984	5594	7823209
5445	7412006	5495	7548756	5545	7686756	5595	7826006
5446	7414729	5496	7551504	5546	7689529	5596	7828804
5447	7417452	5497	7554252	5547	7692302	5597	7831602
5448	7420176	5498	7557001	5548	7695076	5598	7834401
5449	7422900	5499	7559750	5549	7697850	5599	7837200
5450	7425625	5500	7562500	5550	7700625	5600	7840000

5601	7842800	5651	7983450	5701	8125350	5751	8268500
5602	7845601	5652	7986276	5702	8128201	5752	8271376
5603	7848402	5653	7989102	5703	8131052	5753	8274252
5604	7851204	5654	7991929	5704	8133904	5754	8277129
5605	7854006	5655	7994756	5705	8136756	5755	8280006
5606	7856809	5656	7997584	5706	8139609	5756	8282884
5607	7859612	5657	8000412	5707	8142462	5757	8285762
5608	7862416	5658	8003241	5708	8145316	5758	8288641
5609	7865220	5659	8006070	5709	8148170	5759	8291520
5610	7868025	5660	8008900	5710	8151025	5760	8294400
5611	7870830	5661	8011730	5711	8153880	5761	8297280
5612	7873636	5662	8014561	5712	8156736	5762	8300161
5613	7876442	5663	8017392	5713	8159592	5763	8303042
5614	7879249	5664	8020224	5714	8162449	5764	8305924
5615	7882056	5665	8023056	5715	8165306	5765	8308806
5616	7884864	5666	8025889	5716	8168164	5766	8311689
5617	7887672	5667	8028722	5717	8171022	5767	8314572
5618	7890481	5668	8031556	5718	8173881	5768	8317456
5619	7893290	5669	8034390	5719	8176740	5769	8320340
5620	7896100	5670	8037225	5720	8179600	5770	8323225
5621	7898910	5671	8040060	5721	8182460	5771	8326110
5622	7901721	5672	8042896	5722	8185321	5772	8328996
5623	7904532	5673	8045732	5723	8188182	5773	8331882
5624	7907344	5674	8048569	5724	8191044	5774	8334769
5625	7910156	5675	8051406	5725	8193906	5775	8337656
5626	7912969	5676	8054244	5726	8196769	5776	8340544
5627	7915782	5677	8057082	5727	8199632	5777	8343432
5628	7918596	5678	8059921	5728	8202496	5778	8346321
5629	7921410	5679	8062760	5729	8205360	5779	8349210
5630	7924225	5680	8065600	5730	8208225	5780	8352100
5631	7927040	5681	8068440	5731	8211090	5781	8354990
5632	7929856	5682	8071281	5732	8213956	5782	8357881
5633	7932672	5683	8074122	5733	8216822	5783	8360772
5634	7935489	5684	8076964	5734	8219689	5784	8363664
5635	7938306	5685	8079806	5735	8222556	5785	8366556
5636	7941124	5686	8082649	5736	8225424	5786	8369449
5637	7943942	5687	8085492	5737	8228292	5787	8372342
5638	7946761	5688	8088336	5738	8231161	5788	8375236
5639	7949580	5689	8091180	5739	8234030	5789	8378130
5640	7952400	5690	8094025	5740	8236900	5790	8381025
5641	7955220	5691	8096870	5741	8239770	5791	8383920
5642	7958041	5692	8099716	5742	8242641	5792	8386816
5643	7960862	5693	8102562	5743	8245512	5793	8389712
5644	7963684	5694	8105409	5744	8248384	5794	8392609
5645	7966506	5695	8108256	5745	8251256	5795	8395506
5646	7969329	5696	8111104	5746	8254129	5796	8398404
5647	7972152	5697	8113952	5747	8257002	5797	8401302
5648	7974976	5698	8116801	5748	8259876	5798	8404201
5649	7977800	5699	8119650	5749	8262750	5799	8407100
5650	7980625	5700	8122500	5750	8265625	5800	8410000

5801	8412900	5851	8558550	5901	8705450	5951	8853600
5802	8415801	5852	8561476	5902	8708401	5952	8856576
5803	8418702	5853	8564402	5903	8711352	5953	8859552
5804	8421604	5854	8567329	5904	8714304	5954	8862529
5805	8424506	5855	8570256	5905	8717256	5955	8865506
5806	8427409	5856	8573184	5906	8720209	5956	8868484
5807	8430312	5857	8576112	5907	8723162	5957	8871462
5808	8433216	5858	8579041	5908	8726116	5958	8874441
5809	8436120	5859	8581970	5909	8729070	5959	8877420
5810	8439025	5860	8584900	5910	8732025	5960	8880400
5811	8441930	5861	8587830	5911	8734980	5961	8883380
5812	8444836	5862	8590761	5912	8737936	5962	8886361
5813	8447742	5863	8593692	5913	8740892	5963	8889342
5814	8450649	5864	8596624	5914	8743849	5964	8892324
5815	8453556	5865	8599556	5915	8746806	5965	8895306
5816	8456464	5866	8602489	5916	8749764	5966	8898289
5817	8459372	5867	8605422	5917	8752722	5967	8901272
5818	8462281	5868	8608356	5918	8755681	5968	8904256
5819	8465190	5869	8611290	5919	8758640	5969	8907240
5820	8468100	5870	8614225	5920	8761600	5970	8910225
5821	8471010	5871	8617160	5921	8764560	5971	8913210
5822	8473921	5872	8620096	5922	8767521	5972	8916196
5823	8476832	5873	8623032	5923	8770482	5973	8919182
5824	8479744	5874	8625969	5924	8773444	5974	8922169
5825	8482656	5875	8628906	5925	8776406	5975	8925156
5826	8485569	5876	8631844	5926	8779369	5976	8928144
5827	8488482	5877	8634782	5927	8782332	5977	8931132
5828	8491396	5878	8637721	5928	8785296	5978	8934121
5829	8494310	5879	8640660	5929	8788260	5979	8937110
5830	8497225	5880	8643600	5930	8791225	5980	8940100
5831	8500140	5881	8646540	5931	8794190	5981	8943090
5832	8503056	5882	8649481	5932	8797156	5982	8946081
5833	8505972	5883	8652422	5933	8800122	5983	8949072
5834	8508889	5884	8655364	5934	8803089	5984	8952064
5835	8511806	5885	8658306	5935	8806056	5985	8955056
5836	8514724	5886	8661249	5936	8809024	5986	8958049
5837	8517642	5887	8664192	5937	8811992	5987	8961042
5838	8520561	5888	8667136	5938	8814961	5988	8964036
5839	8523480	5889	8670080	5939	8817930	5989	8967030
5840	8526400	5890	8673025	5940	8820900	5990	8970025
5841	8529320	5891	8675970	5941	8823870	5991	8973020
5842	8532241	5892	8678916	5942	8826841	5992	8976016
5843	8535162	5893	8681862	5943	8829812	5993	8979012
5844	8538084	5894	8684809	5944	8832784	5994	8982009
5845	8541006	5895	8687756	5945	8835756	5995	8985006
5846	8543929	5896	8690704	5946	8838729	5996	8988004
5847	8546852	5897	8693652	5947	8841702	5997	8991002
5848	8549776	5898	8696601	5948	8844676	5998	8994001
5849	8552700	5899	8699550	5949	8847650	5999	8997000
5850	8555625	5900	8702500	5950	8850625	6000	9000000

6001	9003000	6051	9153650	6101	9305550	6151	9458700
6002	9006001	6052	9156676	6102	9308601	6152	9461776
6003	9009002	6053	9159702	6103	9311652	6153	9464852
6004	9012004	6054	9162729	6104	9314704	6154	9467929
6005	9015006	6055	9165756	6105	9317756	6155	9471006
6006	9018009	6056	9168784	6106	9320809	6156	9474084
6007	9021012	6057	9171812	6107	9323862	6157	9477162
6008	9024016	6058	9174841	6108	9326916	6158	9480241
6009	9027020	6059	9177870	6109	9329970	6159	9483320
6010	9030025	6060	9180900	6110	9333025	6160	9486400
6011	9033030	6061	8183930	6111	9336080	6161	9489480
6012	9036036	6062	9186961	6112	9339136	6162	9492561
6013	9039042	6063	9189992	6113	9342192	6163	9495642
6014	9042049	6064	9193024	6114	9345249	6164	9498724
6015	9045056	6065	9196056	6115	9348306	6165	9501806
6016	9048064	6066	9199089	6116	9351364	6166	9504889
6017	9051072	6067	9202122	6117	9354422	6167	9507972
6018	9054081	6068	9205156	6118	9357481	6168	9511056
6019	9057090	6069	9208190	6119	9360540	6169	9514140
6020	9060100	6070	9211225	6120	9363600	6170	9517225
6021	9063110	6071	9214260	6121	9366660	6171	9520310
6022	9066121	6072	9217296	6122	9369721	6172	9523396
6023	9069132	6073	9220332	6123	9372782	6173	9526482
6024	9072144	6074	9223369	6124	9375844	6174	9529569
6025	9075156	6075	9226406	6125	9378906	6175	9532656
6026	9078169	6076	9229444	6126	9381969	6176	9535744
6027	9081182	6077	9232482	6127	9385032	6177	9538832
6028	9084196	6078	9235521	6128	9388096	6178	9541921
6029	9087210	6079	9238560	6129	9391160	6179	9545010
6030	9090225	6080	9241600	6130	9394225	6180	9548100
6031	9093240	6081	9244640	6131	9397290	6181	9551190
6032	9096256	6082	9247681	6132	9400356	6182	9554281
6033	9099272	6083	9250722	6133	9403422	6183	9557372
6034	9102289	6084	9253764	6134	9406489	6184	9560464
6035	9105306	6085	9256806	6135	9409556	6185	9563556
6036	9108324	6086	9259849	6136	9412624	6186	9566649
6037	9111342	6087	9262892	6137	9415692	6187	9569742
6038	9114361	6088	9265936	6138	9418761	6188	9572836
6039	9117380	6089	9268980	6139	9421830	6189	9575930
6040	9120400	6090	9272025	6140	9424900	6190	9579025
6041	9123420	6091	9275070	6141	9427970	6191	9582120
6042	9126441	6092	9278116	6142	9431041	6192	9585216
6043	9129462	6093	9281162	6143	9434112	6193	9588312
6044	9132484	6094	9284209	6144	9437184	6194	9591409
6045	9135506	6095	9287256	6145	9440256	6195	9594506
6046	9138529	6096	9290304	6146	9443329	6196	9597604
6047	9141552	6097	9293352	6147	9446402	6197	9600702
6048	9144576	6098	9296401	6148	9449476	6198	9603801
6049	9147600	6099	9299450	6149	9452550	6199	9606900
6050	9150625	6100	9302500	6150	9455625	6200	9610000

6201	9613100	6251	9768750	6301	9925650
6202	9616201	6252	9771876	6302	9928801
6203	9619302	6253	9775002	6303	9931952
6204	9622404	6254	9778129	6304	9935104
6205	9625506	6255	9781256	6305	9938256
6206	9628609	6256	9784384	6306	9941409
6207	9631712	6257	9787512	6307	9944562
6208	9634816	6258	9790641	6308	9947716
6209	9637920	6259	9793770	6309	9950870
6210	9641025	6260	9796900	6310	9954025
6211	9644130	6261	9800030	6311	9957180
6212	9647236	6262	9803161	6312	9960336
6213	9650342	6263	9806292	6313	9963492
6214	9653449	6264	9809424	6314	9966649
6215	9656556	6265	9812556	6315	9969806
6216	9659664	6266	9815689	6316	9972964
6217	9662772	6267	9818822	6317	9976122
6218	9665881	6268	9821956	6318	9979281
6219	9668990	6269	9825090	6319	9982440
6220	9672100	6270	9828225	6320	9985600
6221	9675210	6271	9831360	6321	9988760
6222	9678321	6272	9834496	6322	9991921
6223	9681432	6273	9837632	6323	9995082
6224	9684544	6274	9840769	6324	9998244
6225	9687656	6275	9843906	6325	10001406
6226	9690769	6276	9847044	6326	10004569
6227	9693882	6277	9850182	6327	10007732
6228	9696996	6278	9853321	6328	10010896
6229	9700110	6279	9856460	6329	10014060
6230	9703225	6280	9859600	6330	10017225
6231	9706340	6281	9862740	6331	10020390
6232	9709456	6282	9865881	6332	10023556
6233	9712572	6283	9869022	6333	10026722
6234	9715689	6284	9872164	6334	10029889
6235	9718806	6285	9875306	6335	10033056
6236	9721924	6286	9878449	6336	10036224
6237	9725042	6287	9881592	6337	10039392
6238	9728161	6288	9884736	6338	10042561
6239	9731280	6289	9887880	6339	10045730
6240	9734400	6290	9891025	6340	10048900
6241	9737520	6291	9894170	6341	10052070
6242	9740641	6292	9897316	6342	10055241
6243	9743762	6293	9900462	6343	10058412
6244	9746884	6294	9903609	6344	10061584
6245	9750006	6295	9906756	6345	10064756
6246	9753129	6296	9909904	6346	10067929
6247	9756252	6297	9913052	6347	10071102
6248	9759376	6298	9916201	6348	10074276
6249	9762500	6299	9919350	6349	10077450
6250	9765625	6300	9922500	6350	10080625

6351	10083800	6401	10243200	6451	10403850
6352	10086976	6402	10246401	6452	10407076
6353	10090152	6403	10249602	6453	10410302
6354	10093329	6404	10252804	6454	10413529
6355	10096506	6405	10256006	6455	10416756
6556	10099684	6406	10259209	6456	10419984
6357	10102862	6407	10262412	6457	10423212
6358	10106041	6408	10265616	6458	10426441
6359	10109220	6409	10268820	6459	10429670
6360	10112400	6410	10272025	6460	10432900
6361	10115580	6411	10275230	6461	10436130
6362	10118761	6412	10278436	6462	10439361
6363	10121942	6413	10281642	6463	10442592
6364	10125124	6414	10284849	6464	10445824
6365	10128306	6415	10288056	6465	10449056
6366	10131489	6416	10291264	6466	10452289
6367	10134672	6417	10294472	6467	10455522
6368	10137856	6418	10297681	6468	10458756
6369	10141040	6419	10300890	6469	10461990
6370	10144225	6420	10304100	6470	10465225
6371	10147410	6421	10307310	6471	10468160
6372	10150596	6422	10310521	6472	10471696
6373	10153782	6423	10313732	6473	10474932
6374	10156969	6424	10316944	6474	10478169
6375	10160156	6425	10320156	6475	10481406
6376	10163344	6426	10323369	6476	10484644
6377	10166532	6427	10326582	6477	10487882
6378	10169721	6428	10329796	6478	10491121
6379	10172910	6429	10333010	6479	10494360
6380	10176100	6430	10336225	6480	10497600
6381	10179290	6431	10339440	6481	10500840
6382	10182481	6432	10342656	6482	10504081
6383	10185672	6433	10345872	6483	10507322
6384	10188864	6434	10349089	6484	10510564
6385	10192056	6435	10352306	6485	10513806
6386	10195249	6436	10355524	6486	10517049
6387	10198442	6437	10358742	6487	10520292
6388	10201636	6438	10361961	6488	10523536
6389	10204830	6439	10365180	6489	10526780
6390	10208025	6440	10368400	6490	10530025
6391	10211220	6441	10371620	6491	10533270
6392	10214416	6442	10374841	6492	10536516
6393	10217612	6443	10378062	6493	10539762
6394	10220809	6444	10381284	6494	10543009
6395	10224006	6445	10384506	6495	10546256
6396	10227204	6446	10387729	6496	10549504
6397	10230402	6447	10390952	6497	10552752
6398	10233601	6448	10394176	6498	10556001
6399	10236800	6449	10397400	6499	10559250
6400	10240000	6450	10400625	6500	10562500

6501	10565750	6551	10728900	6601	10893300
6502	10569001	6552	10732176	6602	10896601
6503	10572252	6553	10735452	6603	10899902
6504	10575504	6554	10738729	6604	10903204
6505	10578756	6555	10742006	6605	10906506
6506	10582009	6556	10745284	6606	10909809
6507	10585262	6557	10748562	6607	10913112
6508	10588516	6558	10751841	6608	10916416
6509	10591770	6559	10755120	6609	10919720
6510	10595025	6560	10758400	6610	10923025
6511	10598280	6561	10761680	6611	10926330
6512	10601536	6562	10764961	6612	10929636
6513	10604792	6563	10768242	6613	10932942
6514	10608049	6564	10771524	6614	10936249
6515	10611306	6565	10774806	6615	10939556
6516	10614564	6566	10778089	6616	10942864
6517	10617822	6567	10781372	6617	10946172
6518	10621081	6568	10784656	6618	10949481
6519	10624340	6569	10787940	6619	10952790
6520	10627600	6570	10791225	6620	10956100
6521	10630860	6571	10794510	6621	10959410
6522	10634121	6572	10797796	6622	10962721
6523	10637382	6573	10801082	6623	10966032
6524	10640644	6574	10804369	6624	10969344
6525	10643906	6575	10807656	6625	10972656
6526	10647169	6576	10810944	6626	10975969
6527	10650432	6577	10814232	6627	10979282
6528	10653696	6578	10817521	6628	10982596
6529	10656960	6579	10820810	6629	10985910
6530	10660225	6580	10824100	6630	10989225
6531	10663490	6581	10827390	6631	10992540
6532	10666756	6582	10830681	6632	10995856
6533	10670022	6583	10833972	6633	10999172
6534	10673289	6584	10837264	6634	11002489
6535	10676556	6585	10840556	6635	11005806
6536	10679824	6586	10843849	6636	11009124
6537	10683092	6587	10847142	6637	11012442
6538	10686361	6588	10850436	6638	11015761
6539	10689630	6589	10853730	6639	11019080
6540	10692900	6590	10857025	6640	11022400
6541	10696170	6591	10860320	6641	11025720
6542	10699441	6592	10863616	6642	11029041
6543	10702712	6593	10866912	6643	11032362
6544	10705984	6594	10870209	6644	11035684
6545	10709256	6595	10873506	6645	11039006
6546	10712529	6596	10876804	6646	11042329
6547	10715802	6597	10880102	6647	11045652
6548	10719076	6598	10883401	6648	11048976
6549	10722350	6599	10886700	6649	11052300
6550	10725625	6600	10890000	6650	11055625

6651	11058950	6701	11225850	6751	11394000
6652	11062276	6702	11229201	6752	11397376
6653	11065602	6703	11232552	6753	11400752
6654	11068929	6704	11235904	6754	11404129
6655	11072256	6705	11239256	6755	11407506
6656	11075584	6706	11242609	6756	11410884
6657	11078912	6707	11245962	6757	11414262
6658	11082241	6708	11249316	6758	11417641
6659	11085570	6709	11252670	6759	11421020
6660	11088900	6710	11256025	6760	11424400
6661	11092230	6711	11259380	6761	11427780
6662	11095561	6712	11262736	6762	11431161
6663	11098892	6713	11266092	6763	11434542
6664	11102224	6714	11269449	6764	11437924
6665	11105556	6715	11272806	6765	11441306
6666	11108889	6716	11276164	6766	11444689
6667	11112222	6717	11279522	6767	11448072
6668	11115556	6718	11282881	6768	11451456
6669	11118890	6719	11286240	6769	11454840
6670	11122225	6720	11289600	6770	11458225
6671	11125560	6721	11292960	6771	11461610
6672	11128896	6722	11296321	6772	11464996
6673	11132232	6723	11299682	6773	11468382
6674	11135569	6724	11303044	6774	11471769
6675	11138906	6725	11306406	6775	11475156
6676	11142244	6726	11309769	6776	11478544
6677	11145582	6727	11313132	6777	11481932
6678	11148921	6728	11316496	6778	11485321
6679	11152260	6729	11319860	6779	11488710
6680	11155600	6730	11323225	6780	11492100
6681	11158940	6731	11326590	6781	11495490
6682	11162281	6732	11329956	6782	11498881
6683	11165622	6733	11333322	6783	11502272
6684	11168964	6734	11336689	6784	11505664
6685	11172306	6735	11340056	6785	11509056
6686	11175649	6736	11343424	6786	11512449
6687	11178992	6737	11346792	6787	11515842
6688	11182336	6738	11350161	6788	11519236
6689	11185680	6739	11353530	6789	11522630
6690	11189025	6740	11356900	6790	11526025
6691	11192370	6741	11360270	6791	11529420
6692	11195716	6742	11363641	6792	11532816
6693	11199062	6743	11367012	6793	11536212
6694	11202409	6744	11370384	6794	11539609
6695	11205756	6745	11373756	6795	11543006
6696	11209104	6746	11377129	6796	11546404
6697	11212452	6747	11380502	6797	11549802
6698	11215801	6748	11383876	6798	11553201
6699	11219150	6749	11387250	6799	11556600
6700	11222500	6750	11390625	6800	11560000

6801	11563400	6851	11734050	6901	11905950
6802	11566801	6852	11737476	6902	11909401
6803	11570202	6853	11740902	6903	11912852
6804	11573604	6854	11744329	6904	11916304
6805	11577006	6855	11747756	6905	11919756
6806	11580409	6856	11751184	6906	11923209
6807	11583812	6857	11754612	6907	11926662
6808	11587216	6858	11758041	6908	11930116
6809	11590620	6859	11761470	6909	11933570
6810	11594025	6860	11764900	6910	11937025
6811	11597430	6861	11768330	6911	11940480
6812	11600836	6862	11771761	6912	11943936
6813	11604242	6863	11775192	6913	11947392
6814	11607649	6864	11778624	6914	11950849
6815	11611056	6865	11782056	6915	11954306
6816	11614464	6866	11785489	6916	11957764
6817	11617872	6867	11788922	6917	11961222
6818	11621281	6868	11792356	6918	11964681
6819	11624690	6869	11795790	6919	11968140
6820	11628100	6870	11799225	6920	11971600
6821	11631510	6871	11802660	6921	11975060
6822	11634921	6872	11806096	6922	11978521
6823	11638332	6873	11809532	6923	11981982
6824	11641744	6874	11812969	6924	11985444
6825	11645156	6875	11816406	6925	11988906
6826	11648569	6876	11819844	6926	11992369
6827	11651982	6877	11823282	6927	11995832
6828	11655396	6878	11826721	6928	11999296
6829	11658810	6879	11830160	6929	12002760
6830	11662225	6880	11833600	6930	12006225
6831	11665640	6881	11837040	6931	12009690
6832	11669056	6882	11840481	6932	12013156
6833	11672472	6883	11843922	6933	12016622
6834	11675889	6884	11847364	6934	12020089
6835	11679306	6885	11850806	6935	12023556
6836	11682724	6886	11854249	6936	12027024
6837	11686142	6887	11857692	6937	12030492
6838	11689561	6888	11861136	6938	12033961
6839	11692980	6889	11864580	6939	12037430
6840	11696400	6890	11868025	6940	12040900
6841	11699820	6891	11871470	6941	12044370
6842	11703241	6892	11874916	6942	12047841
6843	11706662	6893	11878362	6943	12051312
6844	11710084	6894	11881809	6944	12054784
6845	11713506	6895	11885256	6945	12058256
6846	11716929	6896	11888704	6946	12061729
6847	11720352	6897	11892152	6947	12065202
6848	11723776	6898	11895601	6948	12068676
6849	11727200	6899	11899050	6949	12072150
6850	11730625	6900	11902500	6950	12075625

6951	12079100	7001	12253500	7051	12429150
6952	12082576	7002	12257001	7052	12432676
6953	12086052	7003	12260502	7053	12436202
6954	12089529	7004	12264004	7054	12439729
6955	12093006	7005	12267506	7055	12443256
6956	12096484	7006	12271009	7056	12446784
6957	12099962	7007	12274512	7057	12450312
6958	12103441	7008	12278016	7058	12453841
6959	12106920	7009	12281520	7059	12457370
6960	12110400	7010	12285025	7060	12460900
6961	12113880	7011	12288530	7061	12464430
6962	12117361	7012	12292036	7062	12467961
6963	12120842	7013	12295542	7063	12471492
6964	12124321	7014	12299049	7064	12475024
6965	12127806	7015	12302556	7065	12478556
6966	12131289	7016	12306064	7066	12482089
6967	12134772	7017	12309572	7067	12485622
6968	12138256	7018	12313081	7068	12489156
6969	12141740	7019	12316590	7069	12492690
6970	12145225	7020	12320100	7070	12496225
6971	12148710	7021	12323610	7071	12499760
6972	12152196	7022	12327121	7072	12503296
6973	12155682	7023	12330632	7073	12506832
6974	12159169	7024	12334144	7074	12510369
6975	12162656	7025	12337656	7075	12513906
6976	12166144	7026	12341169	7076	12517444
6977	12169632	7027	12344682	7077	12520982
6978	12173121	7028	12348196	7078	12524521
6979	12176610	7029	12351710	7079	12528060
6980	12180100	7030	12355225	7080	12531600
6981	12183590	7031	12358740	7081	12535140
6982	12187081	7032	12362256	7082	12538681
6983	12190572	7033	12365772	7083	12542222
6984	12194064	7034	12369289	7084	12545764
6985	12197556	7035	12372806	7085	12549306
6986	12201049	7036	12376324	7086	12552849
6987	12204542	7037	12379842	7087	12556392
6988	12208036	7038	12383361	7088	12559936
6989	12211530	7039	12386880	7089	12563480
6990	12215025	7040	12390400	7090	12567025
6991	12218520	7041	12393920	7091	12570570
6992	12222016	7042	12397441	7092	12574116
6993	12225512	7043	12400962	7093	12577662
6994	12229009	7044	12404484	7094	12581209
6995	12232506	7045	12408006	7095	12584756
6996	12236004	7046	12411529	7096	12588304
6997	12239502	7047	12415052	7097	12591852
6998	12243001	7048	12418576	7098	12595401
6999	12246500	7049	12422100	7099	12598950
7000	12250000	7050	12425625	7100	12602500

7101	12606050	7151	12784200	7201	12963600
7102	12609601	7152	12787776	7202	12967201
7103	12613152	7153	12791352	7203	12970802
7104	12616704	7154	12794929	7204	12974404
7105	12620256	7155	12798506	7205	12978006
7106	12623809	7156	12802084	7206	12981609
7107	12627362	7157	12805662	7207	12985212
7108	12630916	7158	12809241	7208	12988816
7109	12634470	7159	12812820	7209	12992420
7110	12638025	7160	12816400	7210	12996025
7111	12641580	7161	12819980	7211	12999630
7112	12645136	7162	12823561	7212	13003236
7113	12648692	7163	12827142	7213	13006842
7114	12652249	7164	12830724	7214	13010449
7115	12655806	7165	12834306	7215	13014056
7116	12659364	7166	12837889	7216	13017664
7117	12662922	7167	12841472	7217	13021272
7118	12666481	7168	12845056	7218	13024881
7119	12670040	7169	12848640	7219	13028490
7120	12673600	7170	12852225	7220	13032100
7121	12677160	7171	12855810	7221	13035710
7122	12680721	7172	12859396	7222	13039321
7123	12684282	7173	12862982	7223	13042932
7124	12687844	7174	12866569	7224	13046544
7125	12691406	7175	12870156	7225	13050156
7126	12694969	7176	12873744	7226	13053769
7127	12698532	7177	12877332	7227	13057382
7128	12702096	7178	12880921	7228	13060996
7129	12705660	7179	12884510	7229	13064610
7130	12709225	7180	12888100	7230	13068225
7131	12712790	7181	12891690	7231	13071840
7132	12716356	7182	12895281	7232	13075456
7133	12719922	7183	12898872	7233	13079072
7134	12723489	7184	12902464	7234	13082689
7135	12727056	7185	12906056	7235	13086306
7136	12730624	7186	12909649	7236	13089924
7137	12734192	7187	12913242	7237	13093542
7138	12737761	7188	12916836	7238	13097161
7139	12741330	7189	12920430	7239	13100780
7140	12744900	7190	12924025	7240	13104400
7141	12748470	7191	12927620	7241	13108020
7142	12752041	7192	12931216	7242	13111641
7143	12755612	7193	12934812	7243	13115262
7144	12759184	7194	12938409	7244	13118884
7145	12762756	7195	12942006	7245	13122506
7146	12766329	7196	12945604	7246	13126129
7147	12769902	7197	12949202	7247	13129752
7148	12773476	7198	12952801	7248	13133376
7149	12777050	7199	12956400	7249	13137000
7150	12780625	7200	12960000	7250	13140625

7251	13144250	7301	13326150	7351	13509300
7252	13147876	7302	13329801	7352	13512976
7253	13151502	7303	13333452	7353	13516652
7254	13155129	7304	13337104	7354	13520329
7255	13158756	7305	13340756	7355	13524006
7256	13162384	7306	13344409	7356	13527684
7257	13166012	7307	13348062	7357	13531362
7258	13169641	7308	13351716	7358	13535041
7259	13173270	7309	13355370	7359	13538720
7260	13176900	7310	13359025	7360	13542400
7261	13180530	7311	13362680	7361	13546080
7262	13184161	7312	13366336	7362	13549761
7263	13187792	7313	13369992	7363	13553442
7264	13191424	7314	13373649	7364	13557124
7265	13195056	7315	13377306	7365	13560806
7266	13198689	7316	13380964	7366	13564489
7267	13202322	7317	13384622	7367	13568172
7268	13205956	7318	13388281	7368	13571856
7269	13209590	7319	13391940	7369	13575540
7270	13213225	7320	13395600	7370	13579225
7271	13216860	7321	13399260	7371	13582910
7272	13220496	7322	13402921	7372	13586596
7273	13224132	7323	13406582	7373	13590282
7274	13227769	7324	13410244	7374	13593969
7275	13231406	7325	13413906	7375	13597656
7276	13235044	7326	13417569	7376	13601344
7277	13238682	7327	13421232	7377	13605032
7278	13242321	7328	13424896	7378	13608721
7279	13245960	7329	13428560	7379	13612410
7280	13249600	7330	13432225	7380	13616100
7281	13253240	7331	13435890	7381	13619790
7282	13256881	7332	13439556	7382	13623481
7283	13260522	7333	13443222	7383	13627172
7284	13264164	7334	13446889	7384	13630864
7285	13267806	7335	13450556	7385	13634556
7286	13271449	7336	13454224	7386	13638249
7287	13275092	7337	13457892	7387	13641942
7288	13278736	7338	13461561	7388	13645636
7289	13282380	7339	13465230	7389	13649330
7290	13286025	7340	13468900	7390	13653025
7291	13289670	7341	13472570	7391	13656720
7292	13293316	7342	13476241	7392	13660416
7293	13296962	7343	13479912	7393	13664112
7294	13300609	7344	13483584	7394	13667809
7295	13304256	7345	13487256	7395	13671506
7296	13307904	7346	13490929	7396	13675204
7297	13311552	7347	13494602	7397	13678902
7298	13315201	7348	13498276	7398	13682601
7299	13318850	7349	13501950	7399	13686300
7300	13322500	7350	13505625	7400	13690000

7401	13693700	7451	13879350	7501	14066250
7402	13697401	7452	13883076	7502	14070001
7403	13701102	7453	13886802	7503	14073752
7404	13704804	7454	13890529	7504	14077504
7405	13708506	7455	13894256	7505	14081256
7406	13712209	7456	13897984	7506	14085009
7407	13715912	7457	13901712	7507	14088762
7408	13719616	7458	13905441	7508	14092516
7409	13723320	7459	13909170	7509	14096270
7410	13727025	7460	13912900	7510	14100025
7411	13730730	7461	13916630	7511	14103780
7412	13734436	7462	13920361	7512	14107536
7413	13738142	7463	13924092	7513	14111292
7414	13741849	7464	13927824	7514	14115049
7415	13745556	7465	13931556	7515	14118806
7416	13749264	7466	13935289	7516	14122564
7417	13752972	7467	13939022	7517	14126322
7418	13756681	7468	13942756	7518	14130081
7419	13760390	7469	13946490	7519	14133840
7420	13764100	7470	13950225	7520	14137600
7421	13767810	7471	13953960	7521	14141360
7422	13771521	7472	13957696	7522	14145121
7423	13775232	7473	13961432	7523	14148882
7424	13778944	7474	13965169	7524	14152644
7425	13782656	7475	13968906	7525	14156406
7426	13786369	7476	13972644	7526	14160169
7427	13790082	7477	13976382	7527	14163932
7428	13793796	7478	13980121	7528	14167696
7429	13797510	7479	13983860	7529	14171460
7430	13801225	7480	13987600	7530	14175225
7431	13804940	7481	13991340	7531	14178990
7432	13808656	7482	13995081	7532	14182756
7433	13812372	7483	13998822	7533	14186522
7434	13816089	7484	14002564	7534	14190289
7435	13819806	7485	14006306	7535	14194056
7436	13823524	7486	14010049	7536	14197824
7437	13827242	7487	14013792	7537	14201592
7438	13830961	7488	14017536	7538	14205361
7439	13834680	7489	14021280	7539	14209130
7440	13838400	7490	14025025	7540	14212900
7441	13842120	7491	14028770	7541	14216670
7442	13845841	7492	14032516	7542	14220441
7443	13849562	7493	14036262	7543	14224212
7444	13853284	7494	14040009	7544	14227984
7445	13857006	7495	14043756	7545	14231756
7446	13860729	7496	14047504	7546	14235529
7447	13864452	7497	14051252	7547	14239302
7448	13868176	7498	14055001	7548	14243076
7449	13871900	7499	14058750	7549	14246850
7450	13875625	7500	14062500	7550	14250625

7551	14254400	7601	14443800	7651	14634450
7552	14258176	7602	14447601	7652	14638276
7553	14261952	7603	14451402	7653	14642102
7554	14265729	7604	14455204	7654	14645929
7555	14269506	7605	14459006	7655	14649756
7556	14273284	7606	14462809	7656	14653584
7557	14277062	7607	14466612	7657	14657412
7558	14280841	7608	14470416	7658	14661241
7559	14284620	7609	14474220	7659	14665070
7560	14288400	7610	14478025	7660	14668900
7561	14292180	7611	14481830	7661	14672730
7562	14295961	7612	14485636	7662	14676561
7563	14299742	7613	14489442	7663	14680392
7564	14303524	7614	14493249	7664	14684224
7565	14307306	7615	14497056	7665	14688056
7566	14311089	7616	14500864	7666	14691889
7567	14314872	7617	14504672	7667	14695722
7568	14318656	7618	14508481	7668	14699556
7569	14322440	7619	14512290	7669	14703390
7570	14326225	7620	14516100	7670	14707225
7571	14330010	7621	14519910	7671	14711060
7572	14333796	7622	14523721	7672	14714896
7573	14337582	7623	14527532	7673	14718732
7574	14341369	7624	14531344	7674	14722569
7575	14345156	7625	14535156	7675	14726406
7576	14348944	7626	14538969	7676	14730244
7577	14352732	7627	14542782	7677	14734082
7578	14356521	7628	14546596	7678	14737921
7579	14360310	7629	14550410	7679	14741760
7580	14364100	7630	14554225	7680	14745600
7581	14367890	7631	14558040	7681	14749440
7582	14371681	7632	14561856	7682	14753281
7583	14375472	7633	14565672	7683	14757122
7584	14379264	7634	14569489	7684	14760964
7585	14383056	7635	14573306	7685	14764806
7586	14386849	7636	14577124	7686	14768649
7587	14390642	7637	14580942	7687	14772492
7588	14394436	7638	14584761	7688	14776336
7589	14398230	7639	14588580	7689	14780180
7590	14402025	7640	14592400	7690	14784025
7591	14405820	7641	14596220	7691	14787870
7592	14409616	7642	14600041	7692	14791716
7593	14413412	7643	14603862	7693	14795562
7594	14417209	7644	14607684	7694	14799409
7595	14421006	7645	14611506	7695	14803256
7596	14424804	7646	14615329	7696	14807104
7597	14428602	7647	14619152	7697	14810952
7598	14432401	7648	14622976	7698	14814801
7599	14436200	7649	14626800	7699	14818650
7600	14440000	7650	14630625	7700	14822500

7701	14826350	7751	15019500	7801	15213900
7702	14830201	7752	15023376	7802	15217801
7703	14834052	7753	15027252	7803	15221702
7704	14837904	7754	15031129	7804	15225604
7705	14841756	7755	15035006	7805	15229506
7706	14845609	7756	15038884	7806	15233409
7707	14849462	7757	15042762	7807	15237312
7708	14853316	7758	15046641	7808	15241216
7709	14857170	7759	15050520	7809	15245120
7710	14861025	7760	15054400	7810	15249025
7711	14864880	7761	15058280	7811	15252930
7712	14868736	7762	15062161	7812	15256836
7713	14872592	7763	15066042	7813	15260742
7714	14876449	7764	15069924	7814	15264649
7715	14880306	7765	15073806	7815	15268556
7716	14884164	7766	15077689	7816	15272464
7717	14888022	7767	15081572	7817	15276372
7718	14891881	7768	15085456	7818	15280281
7719	14895740	7769	15089340	7819	15284190
7720	14899600	7770	15093225	7820	15288100
7721	14903460	7771	15097110	7821	15292010
7722	14907321	7772	15100996	7822	15295921
7723	14911182	7773	15104882	7823	15299832
7724	14915044	7774	15108769	7824	15303744
7725	14918906	7775	15112656	7825	15307656
7726	14922769	7776	15116544	7826	15311569
7727	14926632	7777	15120432	7827	15315482
7728	14930496	7778	15124321	7828	15319396
7729	14934360	7779	15128210	7829	15323310
7730	14938225	7780	15132100	7830	15327225
7731	14942090	7781	15135990	7831	15331140
7732	14945956	7782	15139881	7832	15335056
7733	14949822	7783	15143772	7833	15338972
7734	14953689	7784	15147664	7834	15342889
7735	14957556	7785	15151556	7835	15346806
7736	14961424	7786	15155449	7836	15350724
7737	14965292	7787	15159342	7837	15354642
7738	14969161	7788	15163236	7838	15358561
7739	14973030	7789	15167130	7839	15362480
7740	14976900	7790	15171025	7840	15366400
7741	14980770	7791	15174920	7841	15370320
7742	14984641	7792	15178816	7842	15374241
7743	14988512	7793	15182712	7843	15378162
7744	14992384	7794	15186609	7844	15382084
7745	14996256	7795	15190506	7845	15386006
7746	15000129	7796	15194404	7846	15389929
7747	15004002	7797	15198302	7847	15393852
7748	15007876	7798	15202201	7848	15397776
7749	15011750	7799	15206100	7849	15401700
7750	15015625	7800	15210000	7850	15405625

7851	15409550	7901	15606450	7951	15804600
7852	15413476	7902	15610401	7952	15808576
7853	15417402	7903	15614352	7953	15812552
7854	15421329	7904	15618304	7954	15816529
7855	15425256	7905	15622256	7955	15820506
7856	15429184	7906	15626209	7956	15824484
7857	15433112	7907	15630162	7957	15828462
7858	15437041	7908	15634116	7958	15832441
7859	15440970	7909	15638070	7959	15836420
7860	15444900	7910	15642025	7960	15840400
7861	15448830	7911	15645980	7961	15844380
7862	15452761	7912	15649936	7962	15848361
7863	15456692	7913	15653892	7963	15852342
7864	15460624	7914	15657849	7964	15856324
7865	15464556	7915	15661806	7965	15860306
7866	15468489	7916	15665764	7966	15864289
7867	15472422	7917	15669722	7967	15868272
7868	15476356	7918	15673681	7968	15872256
7869	15480290	7919	15677640	7969	15876240
7870	15484225	7920	15681600	7970	15880225
7871	15488160	7921	15685560	7971	15884210
7872	15492096	7922	15689521	7972	15888196
7873	15496032	7923	15693482	7973	15892182
7874	15499969	7924	15697444	7974	15896169
7875	15503906	7925	15701406	7975	15900156
7876	15507844	7926	15705369	7976	15904144
7877	15511782	7927	15709332	7977	15908132
7878	15515721	7928	15713296	7978	15912121
7879	15519660	7929	15717260	7979	15916110
7880	15523600	7930	15721225	7980	15920100
7881	15527540	7931	15725190	7981	15924090
7882	15531481	7932	15729156	7982	15928081
7883	15535422	7933	15733122	7983	15932072
7884	15539364	7934	15737089	7984	15936064
7885	15543306	7935	15741056	7985	15940056
7886	15547249	7936	15745024	7986	15944049
7887	15551192	7937	15748992	7987	15948042
7888	15555136	7938	15752961	7988	15952036
7889	15559080	7939	15756930	7989	15956030
7890	15563025	7940	15760900	7990	15960025
7891	15566970	7941	15764870	7991	15964020
7892	15570916	7942	15768841	7992	15968016
7893	15574862	7943	15772812	7993	15972012
7894	15578809	7944	15776784	7994	15976009
7895	15582756	7945	15780756	7995	15980006
7896	15586704	7946	15784729	7996	15984004
7897	15590652	7947	15788702	7997	15988002
7898	15594601	7948	15792676	7998	15992001
7899	15598550	7949	15796650	7999	15996000
7900	15602500	7950	15800625	8000	16000000

8001	16004000	8051	16204650	8101	16406550
8002	16008001	8052	16208676	8102	16410601
8003	16012002	8053	16212702	8103	16414652
8004	16016004	8054	16216729	8104	16418704
8005	16020006	8055	16220756	8105	16422756
8006	16024009	8056	16224784	8106	16426809
8007	16028012	8057	16228812	8107	16430862
8008	16032016	8058	16232841	8108	16434916
8009	16036020	8059	16236870	8109	16438970
8010	16040025	8060	16240900	8110	16443025
8011	16044030	8061	16244930	8111	16447080
8012	16048036	8062	16248961	8112	16451136
8013	16052042	8063	16252992	8113	16455192
8014	16056049	8064	16257024	8114	16459249
8015	16060056	8065	16261056	8115	16463306
8016	16064064	8066	16265089	8116	16467364
8017	16068072	8067	16269122	8117	16471422
8018	16072081	8068	16273156	8118	16475481
8019	16076090	8069	16277190	8119	16479540
8020	16080100	8070	16281225	8120	16483600
8021	16084110	8071	16285260	8121	16487660
8022	16088121	8072	16289296	8122	16491721
8023	16092132	8073	16293332	8123	16495782
8024	16096144	8074	16297369	8124	16499844
8025	16100156	8075	16301406	8125	16503906
8026	16104169	8076	16305444	8126	16507969
8027	16108182	8077	16309482	8127	16512032
8028	16112196	8078	16313521	8128	16516096
8029	16116210	8079	16317560	8129	16520160
8030	16120225	8080	16321600	8130	16524225
8031	16124240	8081	16325640	8131	16528290
8032	16128256	8082	16329681	8132	16532356
8033	16132272	8083	16333722	8133	16536422
8034	16136289	8084	16337764	8134	16540489
8035	16140306	8085	16341806	8135	16544556
8036	16144324	8086	16345849	8136	16548624
8037	16148342	8087	16349892	8137	16552692
8038	16152361	8088	16353936	8138	16556761
8039	16156380	8089	16357980	8139	16560830
8040	16160400	8090	16362025	8140	16564900
8041	16164420	8091	16366070	8141	16568970
8042	16168441	8092	16370116	8142	16573041
8043	16172462	8093	16374162	8143	16577112
8044	16176484	8094	16378209	8144	16581184
8045	16180506	8095	16382256	8145	16585256
8046	16184529	8096	16386304	8146	16589329
8047	16188552	8097	16390352	8147	16593402
8048	16192576	8098	16394401	8148	16597476
8049	16196600	8099	16398450	8149	16601550
8050	16200625	8100	16402500	8150	16605625

8151	16609700	8201	16814100	8251	17019750
8152	16613776	8202	16818201	8252	17023876
8153	16617852	8203	16822302	8253	17028002
8154	16621929	8204	16826404	8254	17032129
8155	16626006	8205	16830506	8255	17036256
8156	16630084	8206	16834609	8256	17040384
8157	16634162	8207	16838712	8257	17044512
8158	16638241	8208	16842816	8258	17048641
8159	16642320	8209	16846920	8259	17052770
8160	16646400	8210	16851025	8260	17056900
8161	16650480	8211	16855130	8261	17061030
8162	16654561	8212	16859236	8262	17065161
8163	16658642	8213	16863342	8263	17069292
8164	16662724	8214	16867449	8264	17073424
8165	16666806	8215	16871556	8265	17077556
8166	16670889	8216	16875664	8266	17081689
8167	16674972	8217	16879772	8267	17085822
8168	16679056	8218	16883881	8268	17089956
8169	16683140	8219	16887990	8269	17094090
8170	16687225	8220	16892100	8270	17098225
8171	16691310	8221	16896210	8271	17102360
8172	16695396	8222	16900321	8272	17106496
8173	16699482	8223	16904432	8273	17110632
8174	16703569	8224	16908544	8274	17114769
8175	16707656	8225	16912656	8275	17118906
8176	16711744	8226	16916769	8276	17123044
8177	16715832	8227	16920882	8277	17127182
8178	16719921	8228	16924996	8278	17131321
8179	16724010	8229	16929110	8279	17135460
8180	16728100	8230	16933225	8280	17139600
8181	16732190	8231	16937340	8281	17143740
8182	16736281	8232	16941456	8282	17147881
8183	16740372	8233	16945572	8283	17152022
8184	16744464	8234	16949689	8284	17156164
8185	16748556	8235	16953806	8285	17160306
8186	16752649	8236	16957924	8286	17164449
8187	16756742	8237	16962042	8287	17168592
8188	16760836	8238	16966161	8288	17172736
8189	16764930	8239	16970280	8289	17176880
8190	16769025	8240	16974400	8290	17181025
8191	16773120	8241	16978520	8291	17185170
8192	16777216	8242	16982641	8292	17189316
8193	16781312	8243	16986762	8293	17193462
8194	16785409	8244	16990884	8294	17197609
8195	16789506	8245	16995006	8295	17201756
8196	16793604	8246	16999129	8296	17205904
8197	16797702	8247	17003252	8297	17210052
8198	16801801	8248	17007376	8298	17214201
8199	16805900	8249	17011500	8299	17218350
8200	16810000	8250	17015625	8300	17222500

8301	17226650	8351	17434800	8401	17644200
8302	17230801	8352	17438976	8402	17648401
8303	17234952	8353	17443152	8403	17652602
8304	17239104	8354	17447329	8404	17656804
8305	17243256	8355	17451506	8405	17661006
8306	17247409	8356	17455684	8406	17665209
8307	17251562	8357	17459862	8407	17669412
8308	17255716	8358	17464041	8408	17673616
8309	17259870	8359	17468220	8409	17677820
8310	17264025	8360	17472400	8410	17682025
8311	17268180	8361	17476580	8411	17686230
8312	17272336	8362	17480761	8412	17690436
8313	17276492	8363	17484942	8413	17694642
8314	17280649	8364	17489124	8414	17698849
8315	17284806	8365	17493306	8415	17703056
8316	17288964	8366	17497489	8416	17707264
8317	17293122	8367	17501672	8417	17711472
8318	17297281	8368	17505856	8418	17715681
8319	17301440	8369	17510040	8419	17719890
8320	17305600	8370	17514225	8420	17724100
8321	17309760	8371	17518410	8421	17728310
8322	17313921	8372	17522596	8422	17732521
8323	17318082	8373	17526782	8423	17736732
8324	17322244	8374	17530969	8424	17740944
8325	17326406	8375	17535156	8425	17745156
8326	17330569	8376	17539344	8426	17749369
8327	17334732	8377	17543532	8427	17753582
8328	17338896	8378	17547721	8428	17757796
8329	17343060	8379	17551910	8429	17762010
8330	17347225	8380	17556100	8430	17766225
8331	17351390	8381	17560290	8431	17770440
8332	17355556	8382	17564481	8432	17774656
8333	17359722	8383	17568672	8433	17778872
8334	17363889	8384	17572864	8434	17783089
8335	17368056	8385	17577056	8435	17787306
8336	17372224	8386	17581249	8436	17791524
8337	17376392	8387	17585442	8437	17795742
8338	17380561	8388	17589636	8438	17799961
8339	17384730	8389	17593830	8439	17804180
8340	17388900	8390	17598025	8440	17808400
8341	17393070	8391	17602220	8441	17812620
8342	17397241	8392	17606416	8442	17816841
8343	17401412	8393	17610612	8443	17821062
8344	17405584	8394	17614809	8444	17825284
8345	17409756	8395	17619006	8445	17829506
8346	17413929	8396	17623204	8446	17833729
8347	17418102	8397	17627402	8447	17837952
8348	17422276	8398	17631601	8448	17842176
8349	17426450	8399	17635800	8449	17846400
8350	17430625	8400	17640000	8450	17850625

8451	17854850	8501	18066750	8551	18279900
8452	17859076	8502	18071001	8552	18284176
8453	17863302	8503	18075252	8553	18288452
8454	17867529	8504	18079504	8554	18292729
8455	17871756	8505	18083756	8555	18297006
8456	17875984	8506	18088009	8556	18301284
8457	17880212	8507	18092262	8557	18305562
8458	17884441	8508	18096516	8558	18309841
8459	17888670	8509	18100770	8559	18314120
8460	17892900	8510	18105025	8560	18318400
8461	17897130	8511	18109280	8561	18322680
8462	17901361	8512	18113536	8562	18326961
8463	17905592	8513	18117792	8563	18331242
8464	17909824	8514	18122049	8564	18335524
8465	17914056	8515	18126306	8565	18339806
8466	17918289	8516	18130564	8566	18344089
8467	17922522	8517	18134822	8567	18348372
8468	17926756	8518	18139081	8568	18352656
8469	17930990	8519	18143340	8569	18356940
8470	17935225	8520	18147600	8570	18361225
8471	17939460	8521	18151860	8571	18365510
8472	17943696	8522	18156121	8572	18369796
8473	17947932	8523	18160382	8573	18374082
8474	17952169	8524	18164644	8574	18378369
8475	17956406	8525	18168906	8575	18382656
8476	17960644	8526	18173169	8576	18386944
8477	17964882	8527	18177432	8577	18391232
8478	17969121	8528	18181696	8578	18395521
8479	17973360	8529	18185960	8579	18399810
8480	17977600	8530	18190225	8580	18404100
8481	17981840	8531	18194490	8581	18408390
8482	17986081	8532	18198756	8582	18412681
8483	17990322	8533	18203022	8583	18416972
8484	17994564	8534	18207289	8584	18421264
8485	17998806	8535	18211556	8585	18425556
8486	18003049	8536	18215824	8586	18429849
8487	18007292	8537	18220092	8587	18434142
8488	18011536	8538	18224361	8588	18438436
8489	18015780	8539	18228650	8589	18442730
8490	18020025	8540	18232900	8590	18447025
8491	18024270	8541	18237170	8591	18451320
8492	18028516	8542	18241441	8592	18455616
8493	18032762	8543	18245712	8593	18459912
8494	18037009	8544	18249984	8594	18464209
8495	18041256	8545	18254256	8595	18468506
8496	18045504	8546	18258529	8596	18472804
8497	18049752	8547	18262802	8597	18477102
8498	18054001	8548	18267076	8598	18481401
8499	18058250	8549	18271350	8599	18485700
8500	18062500	8550	18275625	8600	18490000

8601	18494300	8651	18709950	8701	18926850
8602	18498601	8652	18714276	8702	18931201
8603	18502902	8653	18718602	8703	18935552
8604	18507204	8654	18722929	8704	18939904
8605	18511506	8655	18727256	8705	18944256
8606	18515809	8656	18731584	8706	18948609
8607	18520112	8657	18735912	8707	18952962
8608	18524416	8658	18740241	8708	18957316
8609	18528720	8659	18744570	8709	18961670
8610	18533025	8660	18748900	8710	18966025
8611	18537330	8661	18753230	8711	18970380
8612	18541636	8662	18757561	8712	18974736
8613	18545942	8663	18761892	8713	18979092
8614	18550249	8664	18766224	8714	18983449
8615	18554556	8665	18770556	8715	18987806
8616	18558864	8666	18774889	8716	18992164
8617	18563172	8667	18779222	8717	18996522
8618	18567481	8668	18783556	8718	19000881
8619	18571790	8669	18787890	8719	19005240
8620	18576100	8670	18792225	8720	19009600
8621	18580410	8671	18796560	8721	19013960
8622	18584721	8672	18800896	8722	19018321
8623	18589032	8673	18805232	8723	19022682
8624	18593344	8674	18809569	8724	19027044
8625	18597656	8675	18813906	8725	19031406
8626	18601969	8676	18818244	8726	19035769
8627	18606282	8677	18822582	8727	19040132
8628	18610596	8678	18826921	8728	19044496
8629	18614910	8679	18831260	8729	19048860
8630	18619225	8680	18835600	8730	19053225
8631	18623540	8681	18839940	8731	19057590
8632	18627856	8682	18844281	8732	19061956
8633	18632172	8683	18848622	8733	19066322
8634	18636489	8684	18852964	8734	19070689
8635	18640806	8685	18857306	8735	19075056
8636	18645124	8686	18861649	8736	19079424
8637	18649442	8687	18865992	8737	19083792
8638	18653761	8688	18870336	8738	19088161
8639	18658080	8689	18874680	8739	19092530
8640	18662400	8690	18879025	8740	19096900
8641	18666720	8691	18883370	8741	19101270
8642	18671041	8692	18887716	8742	19105641
8643	18675362	8693	18892062	8743	19110012
8644	18679684	8694	18896409	8744	19114384
8645	18684006	8695	18900756	8745	19118756
8646	18688329	8696	18905104	8746	19123129
8647	18692652	8697	18909452	8747	19127502
8648	18696976	8698	18913801	8748	19131876
8649	18701300	8699	18918150	8749	19136250
8650	18705625	8700	18922500	8750	19140625

8751	19145000	8801	19364400	8851	19585050
8752	19149376	8802	19368801	8852	19589476
8753	19153752	8803	19373202	8853	19593902
8754	19158129	8804	19377604	8854	19598329
8755	19162506	8805	19382006	8855	19602756
8756	19166884	8806	19386409	8856	19607184
8757	19171262	8807	19390812	8857	19611612
8758	19175641	8808	19395216	8858	19616041
8759	19180020	8809	19399620	8859	19620470
8760	19184400	8810	19404025	8860	19624900
8761	19188780	8811	19408430	8861	19629330
8762	19193161	8812	19412836	8862	19633761
8763	19197542	8813	19417242	8863	19638192
8764	19201924	8814	19421649	8864	19642624
8765	19206306	8815	19426056	8865	19647056
8766	19210689	8816	19430464	8866	19651489
8767	19215072	8817	19434872	8867	19655922
8768	19219456	8818	19439281	8868	19660356
8769	19223840	8819	19443690	8869	19664790
8770	19228225	8820	19448100	8870	19669225
8771	19232610	8821	19452510	8871	19673660
8772	19236996	8822	19456921	8872	19678096
8773	19241382	8823	19461332	8873	19682532
8774	19245769	8824	19465744	8874	19686969
8775	19250156	8825	19470156	8875	19691406
8776	19254544	8826	19474569	8876	19695844
8777	19258932	8827	19478982	8877	19700282
8778	19263321	8828	19483396	8878	19704721
8779	19267710	8829	19487810	8879	19709160
8780	19272100	8830	19492225	8880	19713600
8781	19276490	8831	19496640	8881	19718040
8782	19280881	8832	19501056	8882	19722481
8783	19285272	8833	19505472	8883	19726922
8784	19289664	8834	19509889	8884	19731364
8785	19294056	8835	19514306	8885	19735806
8786	19298449	8836	19518724	8886	19740249
8787	19302842	8837	19523142	8887	19744692
8788	19307236	8838	19527561	8888	19749136
8789	19311630	8839	19531980	8889	19753580
8790	19316025	8840	19536400	8890	19758025
8791	19320420	8841	19540820	8891	19762470
8792	19324816	8842	19545241	8892	19766916
8793	19329212	8843	19549662	8893	19771362
8794	19333609	8844	19554084	8894	19775809
8795	19338006	8845	19558506	8895	19780256
8796	19342404	8846	19562929	8896	19784704
8797	19346802	8847	19567352	8897	19789152
8798	19351201	8848	19571776	8898	19793601
8799	19355600	8849	19576200	8899	19798050
8800	19360000	8850	19580625	8900	19802500

8901	19806950	8951	20030100	9001	20254500
8902	19811401	8952	20034576	9002	20259001
8903	19815852	8953	20039052	9003	20263502
8904	19820304	8954	20043529	9004	20268004
8905	19824756	8955	20048006	9005	20272506
8906	19829209	8956	20052484	9006	20277009.
8907	19833662	8957	20056962	9007	20281512
8908	19838116	8958	20061441	9008	20286016
8909	19842570	8959	20065920	9009	20290520
8910	19847025	8960	20070400	9010	20295025
8911	19851480	8961	20074880	9011	20299530
8912	19855936	8962	20079361	9012	20304036
8913	19860392	8963	20083842	9013	20308542
8914	19864849	8964	20088324	9014	20313049
8915	19869306	8965	20092806	9015	20317556
8916	19873764	8966	20097289	9016	20322064
8917	19878222	8967	20101772	9017	20326572
8918	19882681	8968	20106256	9018	20331081
8919	19887140	8969	20110740	9019	20335590
8920	19891600	8970	20115225	9020	20340100
8921	19896060	8971	20119710	9021	20344610
8922	19900521	8972	20124196	9022	20349121
8923	19904982	8973	20128682	9023	20353632
8924	19909444	8974	20133169	9024	20358144
8925	19913906	8975	20137656	9025	20362656
8926	19918369	8976	20142144	9026	20367169
8927	19922832	8977	20146632	9027	20371682
8928	19927296	8978	20151121	9028	20376196
8929	19931760	8979	20155610	9029	20380710
8930	19936225	8980	20160100	9030	20385225
8931	19940690	8981	20164590	9031	20389740
8932	19945156	8982	20169081	9032	20394256
8933	19949622	8983	20173572	9033	20398772
8934	19954089	8984	20178064	9034	20403289
8935	19958556	8985	20182556	9035	20407806
8936	19963024	8986	20187049	9036	20412324
8937	19967492	8987	20191542	9037	20416842
8938	19971961	8988	20196036	9038	20421361
8939	19976430	8989	20200530	9039	20425880
8940	19980900	8990	20205025	9040	20430400
8941	19985370	8991	20209520	9041	20434920
8942	19989841	8992	20214016	9042	20439441
8943	19994312	8993	20218512	9043	20443962
8944	19998784	8994	20223009	9044	20448484
8945	20003256	8995	20227506	9045	20453006
8946	20007729	8996	20232004	9046	20457529
8947	20012202	8997	20236502	9047	20462052
8948	20016676	8998	20241001	9048	20466576
8949	20021150	8999	20245500	9049	20471100
8950	20025625	9000	20250000	9050	20475625

9051	20480150	9101	20707050	9151	20935200
9052	20484676	9102	20711601	9152	20939776
9053	20489202	9103	20716152	9153	20944352
9054	20493729	9104	20720704	9154	20948929
9055	20498256	9105	20725256	9155	20953506
9056	20502784	9106	20729809	9156	20958084
9057	20507312	9107	20734362	9157	20962662
9058	20511841	9108	20738916	9158	20967241
9059	20516370	9109	20743470	9159	20971820
9060	20520900	9110	20748025	9160	20976400
9061	20525430	9111	20752580	9161	20980980
9062	20529961	9112	20757136	9162	20985561
9063	20534492	9113	20761692	9163	20990142
9064	20539024	9114	20766249	9164	20994724
9065	20543556	9115	20770806	9165	20999306
9066	20548089	9116	20775364	9166	21003889
9067	20552622	9117	20779922	9167	21008472
9068	20557156	9118	20784481	9168	21013056
9069	20561690	9119	20789040	9169	21017640
9070	20566225	9120	20793600	9170	21022225
9071	20570760	9121	20798160	9171	21026810
9072	20575296	9122	20802721	9172	21031396
9073	20579832	9123	20807282	9173	21035982
9074	20584369	9124	20811844	9174	21040569
9075	20588906	9125	20816406	9175	21045156
9076	20593444	9126	20820969	9176	21049744
9077	20597982	9127	20825532	9177	21054332
9078	20602521	9128	20830096	9178	21058921
9079	20607060	9129	20834660	9179	21063510
9080	20611600	9130	20839225	9180	21068100
9081	20616140	9131	20843790	9181	21072690
9082	20620681	9132	20848356	9182	21077281
9083	20625222	9133	20852922	9183	21081872
9084	20629764	9134	20857489	9184	21086464
9085	20634306	9135	20862056	9185	21091056
9086	20638849	9136	20866624	9186	21095649
9087	20643392	9137	20871192	9187	21100242
9088	20647936	9138	20875761	9188	21104836
9089	20652480	9139	20880330	9189	21109430
9090	20657025	9140	20884900	9190	21114025
9091	20661570	9141	20889470	9191	21118620
9092	20666116	9142	20894041	9192	21123216
9093	20670662	9143	20898612	9193	21127812
9094	20675209	9144	20903184	9194	21132409
9095	20679756	9145	20907756	9195	21137006
9096	20684504	9146	20912329	9196	21141604
9097	20688852	9147	20916902	9197	21146202
9098	20693401	9148	20921476	9198	21150801
9099	20697950	9149	20926050	9199	21155400
9100	20702500	9150	20930625	9200	21160000

9201	21164600	9251	21395250	9301	21627150
9202	21169201	9252	21399876	9302	21631801
9203	21173802	9253	21404502	9303	21636452
9204	21178404	9254	21409129	9304	21641104
9205	21183006	9255	21413756	9305	21645756
9206	21187609	9256	21418384	9306	21650409
9207	21192212	9257	21423012	9307	21655062
9208	21196816	9258	21427641	9308	21659716
9209	21201420	9259	21432270	9309	21664370
9210	21206025	9260	21436900	9310	21669025
9211	21210630	9261	21441530	9311	21673680
9212	21215236	9262	21446161	9312	21678336
9213	21219842	9263	21450792	9313	21682992
9214	21224449	9264	21455424	9314	21687649
9215	21229056	9265	21460056	9315	21692306
9216	21233664	9266	21464689	9316	21696964
9217	21238272	9267	21469322	9317	21701622
9218	21242881	9268	21473956	9318	21706281
9219	21247490	9269	21478590	9319	21710940
9220	21252100	9270	21483225	9320	21715600
9221	21256710	9271	21487860	9321	21720260
9222	21261321	9272	21492496	9322	21724921
9223	21265932	9273	21497132	9323	21729582
9224	21270544	9274	21501769	9324	21734244
9225	21275156	9275	21506406	9325	21738906
9226	21279769	9276	21511044	9326	21743569
9227	21284382	9277	21515682	9327	21748232
9228	21288996	9278	21520321	9328	21752896
9229	21293610	9279	21524960	9329	21757560
9230	21298225	9280	21529600	9330	21762225
9231	21302840	9281	21534240	9331	21766890
9232	21307456	9282	21538881	9332	21771556
9233	21312072	9283	21543522	9333	21776222
9234	21316689	9284	21548164	9334	21780889
9235	21321306	9285	21552806	9335	21785556
9236	21325924	9286	21557449	9336	21790224
9237	21330542	9287	21562092	9337	21794892
9238	21335161	9288	21566736	9338	21799561
9239	21339780	9289	21571380	9339	21804230
9240	21344400	9290	21576025	9340	21808900
9241	21349020	9291	21580670	9341	21813570
9242	21353641	9292	21585316	9342	21818241
9243	21358262	9293	21589962	9343	21822912
9244	21362884	9294	21594609	9344	21827584
9245	21367506	9295	21599256	9345	21832256
9246	21372129	9296	21603904	9346	21836929
9247	21376752	9297	21608552	9347	21841602
9248	21381376	9298	21613201	9348	21846276
9249	21386000	9299	21617850	9349	21850950
9250	21390625	9300	21622500	9350	21855625

9351	21860300	9401	22094700	9451	22330350
9352	21864976	9402	22099401	9452	22335076
9353	21869652	9403	22104102	9453	22339802
9354	21874329	9404	22108804	9454	22344529
9355	21879006	9405	22113506	9455	22349256
9356	21883684	9406	22118209	9456	22353984
9357	21888362	9407	22122912	9457	22358712
9358	21893041	9408	22127616	9458	22363441
9359	21897720	9409	22132320	9459	22368170
9360	21902400	9410	22137025	9460	22372900
9361	21907080	9411	22141730	9461	22377630
9362	21911761	9412	22146436	9462	22382361
9363	21916442	9413	22151142	9463	22387092
9364	21921124	9414	22155849	9464	22391824
9365	21925806	9415	22160556	9465	22396556
9366	21930489	9416	22165264	9466	22401289
9367	21935172	9417	22169972	9467	22406022
9368	21939856	9418	22174681	9468	22410756
9369	21944540	9419	22179390	9469	22415490
9370	21949225	9420	22184100	9470	22420225
9371	21953910	9421	22188810	9471	22424960
9372	21958596	9422	22193521	9472	22429696
9373	21963282	9423	22198232	9473	22434432
9374	21967969	9424	22202944	9474	22439169
9375	21972656	9425	22207656	9475	22443906
9376	21977344	9426	22212369	9476	22448644
9377	21982032	9427	22217082	9477	22453382
9378	21986721	9428	22221796	9478	22458121
9379	21991410	9429	22226510	9479	22462860
9380	21996100	9430	22231225	9480	22467600
9381	22000790	9431	22235940	9481	22472340
9382	22005481	9432	22240656	9482	22477081
9383	22010172	9433	22245372	9483	22481822
9384	22014864	9434	22250089	9484	22486564
9385	22019556	9435	22254806	9485	22491306
9386	22024249	9436	22259524	9486	22496049
9387	22028942	9437	22264242	9487	22500792
9388	22033636	9438	22268961	9488	22505536
9389	22038330	9439	22273680	9489	22510280
9390	22043025	9440	22278400	9490	22515025
9391	22047720	9441	22283120	9491	22519770
9392	22052416	9442	22287841	9492	22524516
9393	22057112	9443	22292562	9493	22529262
9394	22061809	9444	22297284	9494	22534009
9395	22066506	9445	22302006	9495	22538756
9396	22071204	9446	22306729	9496	22543504
9397	22075902	9447	22311452	9497	22548252
9398	22080601	9448	22316176	9498	22553001
9399	22085300	9449	22320900	9499	22557750
9400	22090000	9450	22325625	9500	22562500

9501	22567250	9551	22805400	9601	23044800
9502	22572001	9552	22810176	9602	23049601
9503	22576752	9553	22814952	9603	23054402
9504	22581504	9554	22819729	9604	23059204
9505	22586256	9555	22824506	9605	23064006
9506	22591009	9556	22829284	9606	23068809
9507	22595762	9557	22834062	9607	23073612
9508	22600516	9558	22838841	9608	23078416
9509	22605270	9559	22843620	9609	23083220
9510	22610025	9560	22848400	9610	23088025
9511	22614780	9561	22853180	9611	23092830
9512	22619536	9562	22857961	9612	23097636
9513	22624292	9563	22862742	9613	23102442
9514	22629049	9564	22867524	9614	23107249
9515	22633806	9565	22872306	9615	23112056
9516	22638564	9566	22877089	9616	23116864
9517	22643322	9567	22881872	9617	23121672
9518	22648081	9568	22886656	9618	23126481
9519	22652840	9569	22891440	9619	23131290
9520	22657600	9570	22896225	9620	23136100
9521	22662360	9571	22901010	9621	23140910
9522	22667121	9572	22905796	9622	23145721
9523	22671882	9573	22910582	9623	23150532
9524	22676644	9574	22915569	9624	23155344
9525	22681406	9575	22920156	9625	23160156
9526	22686169	9576	22924944	9626	23164969
9527	22690932	9577	22929732	9627	23169782
9528	22695696	9578	22934521	9628	23174596
9529	22700460	9579	22939310	9629	23179410
9530	22705225	9580	22944100	9630	23184225
9531	22709990	9581	22948890	9631	23189040
9532	22714756	9582	22953681	9632	23193856
9533	22719522	9583	22958472	9633	23198672
9534	22724289	9584	22963264	9634	23203489
9535	22729056	9585	22968056	9635	23208306
9536	22733824	9586	22972849	9636	23213124
9537	22738592	9587	22977642	9637	23217942
9538	22743361	9588	22982436	9638	23222761
9539	22748130	9589	22987230	9639	23227580
9540	22752900	9590	22992025	9640	23232400
9541	22757670	9591	22996820	9641	23237220
9542	22762441	9592	23001616	9642	23242041
9543	22767212	9593	23006412	9643	23246862
9544	22771984	9594	23011209	9644	23251684
9545	22776756	9595	23016006	9645	23256506
9546	22781529	9596	23020804	9646	23261529
9547	22786302	9597	23025602	9647	23266152
9548	22791076	9598	23030401	9648	23270976
9549	22795850	9599	23035200	9649	23275800
9550	22800625	9600	23040000	9650	23280625

9651	23285450	9701	23527350	9751	23770500
9652	23290276	9702	23532201	9752	23775376
9653	23295102	9703	23537052	9753	23780252
9654	23299929	9704	23541904	9754	23785129
9655	23304756	9705	23546756	9755	23790006
9656	23309584	9706	23551609	9756	23794884
9657	23314412	9707	23556462	9757	23799762
9658	23319241	9708	23561316	9758	23804641
9659	23324070	9709	23566170	9759	23809520
9660	23328900	9710	23571025	9760	23814400
9661	23333730	9711	23575880	9761	23819280
9662	23338561	9712	23580736	9762	23824161
9663	23343392	9713	23585592	9763	23829042
9664	23348224	9714	23590449	9764	23833924
9665	23353056	9715	23595306	9765	23838806
9666	23357889	9716	23600164	9766	23843689
9667	23362722	9717	23605022	9767	23848572
9668	23367556	9718	23609881	9768	23853456
9669	23372390	9719	23614740	9769	23858340
9670	23377225	9720	23619600	9770	23863225
9671	23382060	9721	23624460	9771	23868110
9672	23386896	9722	23629321	9772	23872996
9673	23391732	9723	23634182	9773	23877882
9674	23396569	9724	23639044	9774	23882769
9675	23401406	9725	23643906	9775	23887656
9676	23406244	9726	23648769	9776	23892544
9677	23411082	9727	23653632	9777	23897432
9678	23415921	9728	23658496	9778	23902321
9679	23420760	9729	23663360	9779	23907210
9680	23425600	9730	23668225	9780	23912100
9681	23430440	9731	23673090	9781	23916990
9682	23435281	9732	23677956	9782	23921881
9683	23440122	9733	23682822	9783	23926772
9684	23444964	9734	23687689	9784	23931664
9685	23449806	9735	23692556	9785	23936556
9686	23454649	9736	23697424	9786	23941449
9687	23459492	9737	23702292	9787	23946342
9688	23464336	9738	23707161	9788	23951236
9689	23469180	9739	23712030	9789	23956130
9690	23474025	9740	23716900	9790	23961025
9691	23478870	9741	23721770	9791	23965920
9692	23483716	9742	23726641	9792	23970816
9693	23488562	9743	23731512	9793	23975712
9694	23493409	9744	23736384	9794	23980609
9695	23498256	9745	23741256	9795	23985506
9696	23503104	9746	23746129	9796	23990404
9697	23507952	9747	23751002	9797	23995302
9698	23512801	9748	23755876	9798	24000201
9699	23517650	9749	23760750	9799	24005100
9700	23522500	9750	23765625	9800	24010000

9801	24014900	9851	24260550	9901	24507450
9802	24019801	9852	24265476	9902	24512401
9803	24024702	9853	24270402	9903	24517352
9804	24029604	9854	24275329	9904	24522304
9805	24034506	9855	24280256	9905	24527256
9806	24039409	9856	24285184	9906	24532209
9807	24044312	9857	24290112	9907	24537162
9808	24049216	9858	24295041	9908	24542116
9809	24054120	9859	24299970	9909	24547070
9810	24059025	9860	24304900	9910	24552025
9811	24063930	9861	24309830	9911	24556980
9812	24068836	9862	24314761	9912	24561936
9813	24073742	9863	24319692	9913	24566892
9814	24078649	9864	24324624	9914	24571849
9815	24083556	9865	24329556	9915	24576806
9816	24088464	9866	24334489	9916	24581764
9817	24093372	9867	24339422	9917	24586722
9818	24098281	9868	24344356	9918	24591681
9819	24103190	9869	24349290	9919	24596640
9820	24108100	9870	24354225	9920	24601600
9821	24113010	9871	24359160	9921	24606560
9822	24117921	9872	24364096	9922	24611521
9823	24122832	9873	24369032	9923	24616482
9824	24127744	9874	24373969	9924	24621444
9825	24132656	9875	24378906	9925	24626406
9826	24137569	9876	24383844	9926	24631369
9827	24142482	9877	24388782	9927	24636332
9828	24147396	9878	24393721	9928	24641296
9829	24152310	9879	24398660	9929	24646260
9830	24157225	9880	24403600	9930	24651225
9831	24162140	9881	24408540	9931	24656190
9832	24167056	9882	24413481	9932	24661156
9833	24171972	9883	24418422	9933	24666122
9834	24176889	9884	24423364	9934	24671089
9835	24181806	9885	24428306	9935	24676056
9836	24186724	9886	24433249	9936	24681024
9837	24191642	9887	24438192	9937	24685992
9838	24196561	9888	24443136	9938	24690961
9839	24201480	9889	24448080	9939	24695930
9840	24206400	9890	24453025	9940	24700900
9841	24211320	9891	24457970	9941	24705870
9842	24216241	9892	24462916	9942	24710841
9843	24221162	9893	24467862	9943	24715812
9844	24226084	9894	24472809	9944	24720784
9845	24231006	9895	24477756	9945	24725756
9846	24235929	9896	24482704	9946	24730729
9847	24240852	9897	24487652	9947	24735702
9848	24245776	9898	24492601	9948	24740676
9849	24250700	9899	24497550	9949	24745650
9850	24255625	9900	24502500	9950	24750625

9951	24755600	10001	25005000	10051	25255650
9952	24760576	10002	25010001	10052	25260676
9953	24765552	10003	25015002	10053	25265702
9954	24770529	10004	25020004	10054	25270729
9955	24775506	10005	25025006	10055	25275756
9956	24780484	10006	25030009	10056	25280784
9957	24785462	10007	25035012	10057	25285812
9958	24790441	10008	25040016	10058	25290841
9959	24795420	10009	25045020	10059	25295870
9960	24800400	10010	25050025	10060	25300900
9961	24805380	10011	25055030	10061	25305930
9962	24810361	10012	25060036	10062	25310961
9963	24815342	10013	25065042	10063	25315992
9964	24820324	10014	25070049	10064	25321024
9965	24825306	10015	25075056	10065	25326056
9966	24830289	10016	25080064	10066	25331089
9967	24835272	10017	25085072	10067	25336122
9968	24840256	10018	25090081	10068	25341156
9969	24845240	10019	25095090	10069	25346190
9970	24850225	10020	25100100	10070	25351225
9971	24855210	10021	25105110	10071	25356260
9972	24860196	10022	25110121	10072	25361296
9973	24865182	10023	25115132	10073	25366332
9974	24870169	10024	25120144	10074	25371369
9975	24875156	10025	25125156	10075	25376406
9976	24880144	10026	25130169	10076	25381444
9977	24885132	10027	25135182	10077	25386482
9978	24890121	10028	25140196	10078	25391521
9979	24895110	10029	25145210	10079	25396560
9980	24900100	10030	25150225	10080	25401600
9981	24905090	10031	25155240	10081	25406640
9982	24910081	10032	25160256	10082	25411681
9983	24915072	10033	25165272	10083	25416722
9984	24920064	10034	25170289	10084	25421764
9985	24925056	10035	25175306	10085	25426806
9986	24930049	10036	25180324	10086	25431849
9987	24935042	10037	25185342	10087	25436892
9988	24940036	10038	25190361	10088	25441936
9989	24945030	10039	25195380	10089	25446980
9990	24950025	10040	25200400	10090	25452025
9991	24955020	10041	25205420	10091	25457070
9992	24960016	10042	25210441	10092	25462116
9993	24965012	10043	25215462	10093	25467162
9994	24970009	10044	25220484	10094	25472209
9995	24975006	10045	25225506	10095	25477256
9996	24980004	10046	25230529	10096	25482304
9997	24985002	10047	25235552	10097	25487352
9998	24990001	10048	25240576	10098	25492401
9999	24995000	10049	25245600	10099	25497450
10000	25000000	10050	25250625	10100	25502500

10101	25507550	10151	25760700	10201	26015100
10102	25512601	10152	25765776	10202	26020201
10103	25517652	10153	25770852	10203	26025302
10104	25522704	10154	25775929	10204	26030404
10105	25527756	10155	25781006	10205	26035506
10106	25532809	10156	25786084	10206	26040609
10107	25537862	10157	25791162	10207	26045712
10108	25542916	10158	25796241	10208	26050816
10109	25547970	10159	25801320	10209	26055920
10110	25553025	10160	25806400	10210	26061025
10111	25558080	10161	25811480	10211	26066130
10112	25563136	10162	25816561	10212	26071236
10113	25568192	10163	25821642	10213	26076342
10114	25573249	10164	25826724	10214	26081449
10115	25578306	10165	25831806	10215	26086556
10116	25583364	10166	25836889	10216	26091664
10117	25588422	10167	25841972	10217	26096772
10118	25593481	10168	25847056	10218	26101881
10119	25598540	10169	25852140	10219	26106990
10120	25603600	10170	25857225	10220	26112100
10121	25608660	10171	25862310	10221	26117210
10122	25613721	10172	25867396	10222	26122321
10123	25618782	10173	25872482	10223	26127432
10124	25623844	10174	25877569	10224	26132544
10125	25628906	10175	25882656	10225	26137656
10126	25633969	10176	25887744	10226	26142769
10127	25639032	10177	25892832	10227	26147882
10128	25644096	10178	25897921	10228	26152996
10129	25649160	10179	25903010	10229	26158110
10130	25654225	10180	25908100	10230	26163225
10131	25659290	10181	25913190	10231	26168340
10132	25664356	10182	25918281	10232	26173456
10133	25669422	10183	25923372	10233	26178572
10134	25674489	10184	25928464	10234	26183689
10135	25679556	10185	25933556	10235	26188806
10136	25684624	10186	25938649	10236	26193924
10137	25689692	10187	25943742	10237	26199042
10138	25694761	10188	25948836	10238	26204161
10139	25699830	10189	25953930	10239	26209280
10140	25704900	10190	25959025	10240	26214400
10141	25709970	10191	25964120	10241	26219520
10142	25715041	10192	25969216	10242	26224641
10143	25720112	10193	25974312	10243	26229762
10144	25725184	10194	25979409	10244	26234884
10145	25730256	10195	25984506	10245	26240006
10146	25735329	10196	25989604	10246	26245129
10147	25740402	10197	25994702	10247	26250252
10148	25745476	10198	25999801	10248	26255376
10149	25750550	10199	26004900	10249	26260500
10150	25755625	10200	26010000	10250	26265625

10251	26270750	10301	26527650	10351	26785800
10252	26275876	10302	26532801	10352	26790976
10253	26281002	10303	26537952	10353	26796152
10254	26286129	10304	26543104	10354	26801329
10255	26291256	10305	26548256	10355	26806506
10256	26296384	10306	26553409	10356	26811684
10257	26301512	10307	26558562	10357	26816862
10258	26306641	10308	26563716	10358	26822041
10259	26311770	10309	26568870	10359	26827220
10260	26316900	10310	26574025	10360	26832400
10261	26322030	10311	26579180	10361	26837580
10262	26327161	10312	26584336	10362	26842761
10263	26332292	10313	26589492	10363	26847942
10264	26337424	10314	26594649	10364	26853124
10265	26342556	10315	26599806	10365	26858506
10266	26347689	10316	26604964	10366	26863489
10267	26352822	10317	26610122	10367	26868672
10268	26357956	10318	26615281	10368	26873856
10269	26363090	10319	26620440	10369	26879040
10270	26368225	10320	26625600	10370	26884225
10271	26373360	10321	26630760	10371	26889410
10272	26378496	10322	26635921	10372	26894596
10273	26383632	10323	26641082	10373	26899782
10274	26388769	10324	26646244	10374	26904969
10275	26393906	10325	26651406	10375	26910156
10276	26399044	10326	26656569	10376	26915344
10277	26404182	10327	26661732	10377	26920532
10278	26409321	10328	26666896	10378	26925721
10279	26414460	10329	26672060	10379	26930910
10280	26419600	10330	26677225	10380	26936100
10281	26424740	10331	26682390	10381	26941290
10282	26429881	10332	26687556	10382	26946481
10283	26435022	10333	26692722	10383	26951672
10284	26440164	10334	26697889	10384	26956864
10285	26445306	10335	26703056	10385	26962056
10286	26450449	10336	26708224	10386	26967249
10287	26455592	10337	26713392	10387	26972442
10288	26460736	10338	26718561	10388	26977636
10289	26465880	10339	26723730	10389	26982830
10290	26471025	10340	26728900	10390	26988025
10291	26476170	10341	26734070	10391	26993220
10292	26481316	10342	26739241	10392	26998416
10293	26486462	10343	26744412	10393	27003612
10294	26491609	10344	26749584	10394	27008809
10295	26496756	10345	26754756	10395	27014006
10296	26501904	10346	26759929	10396	27019204
10297	26507052	10347	26765102	10397	27024402
10298	26512201	10348	26770276	10398	27029601
10299	26517350	10349	26775450	10399	27034800
10300	26522500	10350	26780625	10400	27040000

10401	27045200	10451	27305850	10501	27567750
10402	27050401	10452	27311076	10502	27573001
10403	27055602	10453	27316302	10503	27578252
10404	27060804	10454	27321529	10504	27583504
10405	27066006	10455	27326756	10505	27588756
10406	27071209	10456	27331984	10506	27594009
10407	27076412	10457	27337212	10507	27599262
10408	27081616	10458	27342441	10508	27604516
10409	27086820	10459	27347670	10509	27609770
10410	27092025	10460	27352900	10510	27615025
10411	27097230	10461	27358130	10511	27620280
10412	27102436	10462	27363361	10512	27625536
10413	27107642	10463	27368592	10513	27630792
10414	27112849	10464	27373824	10514	27636049
10415	27118056	10465	27379056	10515	27641306
10416	27123264	10466	27384289	10516	27646564
10417	27128472	10467	27389522	10517	27651822
10418	27133681	10468	27394756	10518	27657081
10419	27138890	10469	27399990	10519	27662340
10420	27144100	10470	27405225	10520	27667600
10421	27149310	10471	27410460	10521	27672860
10422	27154521	10472	27415696	10522	27678121
10423	27159732	10473	27420932	10523	27683382
10424	27164944	10474	27426169	10524	27688644
10425	27170156	10475	27431406	10525	27693906
10426	27175369	10476	27436644	10526	27699169
10427	27180582	10477	27441882	10527	27704432
10428	27185796	10478	27447121	10528	27709696
10429	27191010	10479	27452360	10529	27714960
10430	27196225	10480	27457600	10530	27720225
10431	27201440	10481	27462840	10531	27725490
10432	27206656	10482	27468081	10532	27730756
10433	27211872	10483	27473322	10533	27736022
10434	27217089	10484	27478564	10534	27741289
10435	27222306	10485	27483806	10535	27746556
10436	27227524	10486	27489049	10536	27751824
10437	27232742	10487	27494292	10537	27757092
10438	27237961	10488	27499536	10538	27762361
10439	27243180	10489	27504780	10539	27767630
10440	27248400	10490	27510025	10540	27772900
10441	27253620	10491	27515270	10541	27778170
10442	27258841	10492	27520516	10542	27783441
10443	27264062	10493	27525762	10543	27788712
10444	27269284	10494	27531009	10544	27793984
10445	27274506	10495	27536256	10545	27799256
10446	27279729	10496	27541504	10546	27804529
10447	27284952	10497	27546752	10547	27809802
10448	27290176	10498	27552001	10548	27815076
10449	27295400	10499	27557250	10549	27820350
10450	27300625	10500	27562500	10550	27825625

10551	27830900	10601	28095300	10651	28360950
10552	27836176	10602	28100601	10652	28366276
10553	27841452	10603	28105902	10653	28371602
10554	27846729	10604	28111204	10654	28376929
10555	27852006	10605	28116506	10655	28382256
10556	27857284	10606	28121809	10656	28387584
10557	27862562	10607	28127112	10657	28392912
10558	27867841	10608	28132416	10658	28398241
10559	27873120	10609	28137720	10659	28403570
10560	27878400	10610	28143025	10660	28408900
10561	27883680	10611	28148330	10661	28414230
10562	27888961	10612	28153636	10662	28419561
10563	27894242	10613	28158942	10663	28424892
10564	27899524	10614	28164249	10664	28430224
10565	27904806	10615	28169556	10665	28435556
10566	27910089	10616	28174864	10666	28440889
10567	27915372	10617	28180172	10667	28446222
10568	27920656	10618	28185481	10668	28451556
10569	27925940	10619	28190790	10669	28456890
10570	27931225	10620	28196100	10670	28462225
10571	27936510	10621	28201410	10671	28467560
10572	27941796	10622	28206721	10672	28472896
10573	27947082	10623	28212032	10673	28478232
10574	27952369	10624	28217344	10674	28483569
10575	27957656	10625	28222656	10675	28488906
10576	27962944	10626	28227969	10676	28494244
10577	27968232	10627	28233282	10677	28499582
10578	27973521	10628	28238596	10678	28504921
10579	27978810	10629	28243910	10679	28510260
10580	27984100	10630	28249225	10680	28515600
10581	27989390	10631	28254540	10681	28520940
10582	27994681	10632	28259856	10682	28526281
10583	27999972	10633	28265172	10683	28531622
10584	28005264	10634	28270489	10684	28536964
10585	28010556	10635	28275806	10685	28542306
10586	28015849	10636	28281124	10686	28547649
10587	28021142	10637	28286442	10687	28552992
10588	28026436	10638	28291761	10688	28558336
10589	28031730	10639	28297080	10689	28563680
10590	28037025	10640	28302400	10690	28569025
10591	28042320	10641	28307720	10691	28574370
10592	28047616	10642	28313041	10692	28579716
10593	28052912	10643	28318362	10693	28585062
10594	28058209	10644	28323684	10694	28590409
10595	28063506	10645	28329006	10695	28595756
10596	28068804	10646	28334329	10696	28601104
10597	28074102	10647	28339652	10697	28606452
10598	28079401	10648	28344976	10698	28611801
10599	28084700	10649	28350300	10699	28617150
10600	28090000	10650	28355625	10700	28622500

10701	28627850	10751	28896000	10801	29165400
10702	28633201	10752	28901376	10802	29170801
10703	28638552	10753	28906752	10803	29176202
10704	28643904	10754	28912129	10804	29181604
10705	28649256	10755	28917506	10805	29187006
10706	28654609	10756	28922884	10806	29192409
10707	28659962	10757	28928262	10807	29197812
10708	28665316	10758	28933641	10808	29203216
10709	28670670	10759	28939020	10809	29208620
10710	28676025	10760	28944400	10810	29214025
10711	28681380	10761	28949780	10811	29219430
10712	28686736	10762	28955161	10812	29224836
10713	28692092	10763	28960542	10813	29230242
10714	28697449	10764	28965924	10814	29235649
10715	28702806	10765	28971306	10815	29241056
10716	28708164	10766	28976689	10816	29246464
10717	28713522	10767	28982072	10817	29251872
10718	28718881	10768	28987456	10818	29257281
10719	28724240	10769	28992840	10819	29262690
10720	28729600	10770	28998225	10820	29268100
10721	28734960	10771	29003610	10821	29273510
10722	28740321	10772	29008996	10822	29278921
10723	28745682	10773	29014382	10823	29284332
10724	28751044	10774	29019769	10824	29289744
10725	28756406	10775	29025156	10825	29295156
10726	28761769	10776	29030544	10826	29300569
10727	28767132	10777	29035932	10827	29305962
10728	28772496	10778	29041321	10828	29311396
10729	28777860	10779	29046710	10829	29316810
10730	28783223	10780	29052100	10830	29322225
10731	28788590	10781	29057490	10831	29327640
10732	28793956	10782	29062881	10832	29333056
10733	28799322	10783	29068272	10833	29338472
10734	28804689	10784	29073664	10834	29343889
10735	28810056	10785	29079056	10835	29349306
10736	28815424	10786	29084449	10836	29354724
10737	28820792	10787	29089842	10837	29360142
10738	28826161	10788	29095236	10838	29365561
10739	28831530	10789	29100630	10839	29370980
10740	28836900	10790	29106025	10840	29376400
10741	28842270	10791	29111420	10841	29381820
10742	28847641	10792	29116816	10842	29387241
10743	28853012	10793	29122212	10843	29392662
10744	28858384	10794	29127609	10844	29398084
10745	28863756	10795	29133006	10845	29403506
10746	28869129	10796	29138404	10846	29408929
10747	28874502	10797	29143802	10847	29414352
10748	28879876	10798	29149201	10848	29419776
10749	28885250	10799	29154600	10849	29425200
10750	28890625	10800	29160000	10850	29430625

10851	29436050	10901	29707950	10951	29981100
10852	29441476	10902	29713401	10952	29986576
10853	29446902	10903	29718852	10953	29992052
10854	29452329	10904	29724304	10954	29997529
10855	29457756	10905	29729756	10955	30003006
10856	29463184	10906	29735209	10956	30008484
10857	29468612	10907	29740662	10957	30013962
10858	29474041	10908	29746116	10958	30019441
10859	29479470	10909	29751570	10959	30024920
10860	29484900	10910	29757025	10960	30030400.
10861	29490330	10911	29762480	10961	30035880
10862	29495761	10912	29767936	10962	30041361
10863	29501192	10913	29773392	10963	30046842
10864	29506624	10914	29778849	10964	30052324
10865	29512056	10915	29784306	10965	30057806
10866	29517489	10916	29789764	10966	30063289
10867	29522922	10917	29795222	10967	30068772
10868	29528356	10918	29800681	10968	30074256
10869	29533790	10919	29806140	10969	30079740
10870	29539225	10920	29811600	10970	30085225
10871	29544660	10921	29817060	10971	30090710
10872	29550096	10922	29822521	10972	30096196
10873	29555532	10923	29827982	10973	30101682
10874	29560969	10924	29833444	10974	30107169
10875	29566406	10925	29838906	10975	30112656
10876	29571844	10926	29844369	10976	30118144
10877	29577282	10927	29849832	10977	30123632
10878	29582721	10928	29855296	10978	30129121
10879	29588160	10929	29860760	10979	30134610
10880	29593600	10930	29866225	10980	30140100
10881	29599040	10931	29871690	10981	30145590
10882	29604481	10932	29877156	10982	30151081
10883	29609922	10933	29882622	10983	30156572
10884	29615364	10934	29888089	10984	30162064
10885	29620806	10935	29893556	10985	30167556
10886	29626249	10936	29899024	10986	30173049
10887	29631692	10937	29904492	10987	30178542
10888	29637136	10938	29909961	10988	30184036
10889	29642580	10939	29915430	10989	30189530
10890	29648025	10940	29920900	10990	30195025
10891	29653470	10941	29926370	10991	30200520
10892	29658916	10942	29931841	10992	30206016
10893	29664362	10943	29937312	10993	30211512
10894	29669809	10944	29942784	10994	30217009
10895	29675256	10945	29948256	10995	30222506
10896	29680704	10946	29953729	10996	30228004
10897	29686152	10947	29959202	10997	30233502
10898	29691601	10948	29964676	10998	30239001
10899	29697050	10949	29970150	10999	30244500
10900	29702500	10950	29975625	11000	30250000

II00I	30255500	II05I	30531150	IIIOI	30808050
II002	3026I00I	II052	30536676	IIIO2	30813601
II003	30266502	II053	30542202	IIIO3	30819152
II004	30272004	II054	30547729	IIIO4	30824704
II005	50277506	II055	30553256	IIIO5	30830256
II006	30283009	II056	30558784	IIIO6	50835809
II007	30288512	II057	30564312	IIIO7	30841362
II008	30294016	II058	30569841	IIIO8	50846916
II009	30299520	II059	30575370	IIIO9	30852470
IIOIO	30305025	II060	30580900	IIIIO	30858025
IIOII	30310530	II061	30586430	IIIII	30863580
IIOI2	30316036	II062	30591961	IIII2	30869136
IIOI3	30321542	II063	30597492	IIII3	30874692
IIOI4	30327049	II064	30603024	IIII4	30880249
IIOI5	30332556	II065	30608556	IIII5	30885806
IIOI6	30338064	II066	30614089	IIII6	30891364
IIOI7	30343572	II067	30619622	IIII7	30896922
IIOI8	30349081	II068	30625156	IIII8	50902481
IIOI9	30354590	II069	30630690	IIII9	30908040
II020	30360100	II070	30636225	III20	30913600
II021	30365610	II07I	30641760	III2I	30919160
II022	3037II2I	II072	30647296	III22	3092472I
II025	30376632	II073	30652832	III23	30930282
II024	30382144	II074	30658369	III24	30935844
II025	30387656	II075	30663906	III25	30941406
II026	30393169	II076	30669444	III26	30946969
II027	30398682	II077	30674982	III27	30952532
II028	30404196	II078	30680521	III28	30958096
II029	30409710	II079	30686060	III29	30963660
II030	30415225	II080	30691600	III30	30969225
II031	50420740	II08I	30697140	III3I	30974790
II032	30426256	II082	30702681	III32	30980356
II033	30431772	II083	30708222	III33	30985922
II034	30437289	II084	30713764	III34	30991489
II035	30442806	II085	30719306	III35	50997056
II036	30448324	II086	50724849	III36	31002624
II037	30453842	II087	30730392	III37	31008192
II038	50459361	II088	30735936	III38	31013761
II039	30464880	II089	50741480	III39	51019330
II040	30470400	II090	30747025	III40	31024900
II04I	30475920	II09I	30752570	III4I	31030470
II042	30481441	II092	30758116	III42	31036041
II043	30486962	II093	30763662	III43	31041612
II044	30492484	II094	30769209	III44	31047184
II045	30498006	II095	30774756	III45	31052756
II046	30503329	II096	30780304	III46	31058329
II047	30509052	II097	30785852	III47	31063902
II048	50514576	II098	50791401	III48	31069476
II049	30520100	II099	30796950	III49	31075050
II050	50525625	IIIOO	30802500	III50	31080625

11151	31086200	11201	31365600	11251	31646250
11152	31091776	11202	31371201	11252	31651876
11153	31097352	11203	31376802	11253	31657502
11154	31102929	11204	31382404	11254	31663129
11155	31108506	11205	31388006	11255	31668756
11156	31114084	11206	31393609	11256	31674384
11157	31119662	11207	31399212	11257	31680012
11158	31125241	11208	31404816	11258	31685641
11159	31130820	11209	31410420	11259	31691270
11160	31136400	11210	31416025	11260	31696900
11161	31141980	11211	31421630	11261	31702530
11162	31147561	11212	31427236	11262	31708161
11163	31153142	11213	31432842	11263	31713792
11164	31158724	11214	31438449	11264	31719424
11165	31164306	11215	31444056	11265	31725056
11166	31169889	11216	31449664	11266	31730689
11167	31175472	11217	31455272	11267	31736322
11168	31181056	11218	31460881	11268	31741956
11169	31186640	11219	31466490	11269	31747590
11170	31192225	11220	31472100	11270	31753225
11171	31197810	11221	31477710	11271	31758860
11172	31203396	11222	31483321	11272	31764496
11173	31208982	11223	31488932	11273	31770132
11174	31214569	11224	31494544	11274	31775769
11175	31220156	11225	31500156	11275	31781406
11176	31225744	11226	31505769	11276	31787044
11177	31231332	11227	31511382	11277	31792682
11178	31236921	11228	31516996	11278	31798321
11179	31242510	11229	31522610	11279	31803960
11180	31248100	11230	31528225	11280	31809600
11181	31253690	11231	31533840	11281	31815240
11182	31259281	11232	31539456	11282	31820881
11183	31264872	11233	31545072	11283	31826522
11184	31270464	11234	31550689	11284	31832164
11185	31276056	11235	31556306	11285	31837806
11186	31281649	11236	31561924	11286	31843449
11187	31287242	11237	31567542	11287	31849092
11188	31292836	11238	31573161	11288	31854736
11189	31298430	11239	31578780	11289	31860380
11190	31304025	11240	31584400	11290	31866025
11191	31309620	11241	31590020	11291	31871670
11192	31315216	11242	31595641	11292	31877316
11193	31320812	11243	31601262	11293	31882962
11194	31326409	11244	31606884	11294	31888609
11195	31332006	11245	31612506	11295	31894256
11196	31337604	11246	31618129	11296	31899904
11197	31343202	11247	31623752	11297	31905552
11198	31348801	11248	31629376	11298	31911201
11199	31354400	11249	31635000	11299	31916850
11200	31360000	11250	31640625	11300	31922500

11301	31928150	11351	32211300	11401	32495700
11302	31933801	11352	32216976	11402	32501401
11303	31939452	11353	32222652	11403	32507102
11304	31945104	11354	32228329	11404	32512804
11305	31950756	11355	32234006	11405	32518506
11306	31956409	11356	32239684	11406	32524209
11307	31962062	11357	32245362	11407	32529912
11308	31967716	11358	32251041	11408	32535616
11309	31973370	11359	32256720	11409	32541320
11310	31979025	11360	32262400	11410	32547025
11311	31984680	11361	32268080	11411	32552730
11312	31990336	11362	32273761	11412	32558436
11313	31995992	11363	32279442	11413	32564142
11314	32001649	11364	32285124	11414	32569849
11315	32007306	11365	32290806	11415	32575556
11316	32012964	11366	32296489	11416	32581264
11317	32018622	11367	32302172	11417	32586972
11318	32024281	11368	32307856	11418	32592681
11319	32029940	11369	32313540	11419	32598390
11320	32035600	11370	32319225	11420	32604100
11321	32041260	11371	32324910	11421	32609810
11322	32046921	11372	32330596	11422	32615521
11323	32052582	11373	32336282	11423	32621232
11324	32058244	11374	32341969	11424	32626944
11325	32063906	11375	32347656	11425	32632656
11326	32069569	11376	32353344	11426	32638369
11327	32075232	11377	32359032	11427	32644082
11328	32080896	11378	32364721	11428	32649796
11329	32086560	11379	32370410	11429	32655510
11330	32092225	11380	32376100	11430	32661225
11331	32097890	11381	32381790	11431	32666940
11332	32103556	11382	32387481	11432	32672656
11333	32109222	11383	32393172	11433	32678372
11334	32114889	11384	32398864	11434	32684089
11335	32120556	11385	32404556	11435	32689806
11336	32126224	11386	32410249	11436	32695524
11337	32131892	11387	32415942	11437	32701242
11338	32137561	11388	32421636	11438	32706961
11339	32143230	11389	32427330	11439	32712680
11340	32148900	11390	32433025	11440	32718400
11341	32154570	11391	32438720	11441	32724120
11342	32160241	11392	32444416	11442	32729841
11343	32165912	11393	32450112	11443	32735562
11344	32171584	11394	32455809	11444	32741284
11345	32177256	11395	32461506	11445	32747006
11346	32182929	11396	32467204	11446	32752729
11347	32188602	11397	32472902	11447	32758452
11348	32194276	11398	32478601	11448	32765176
11349	32199950	11399	32484300	11449	32769900
11350	32205625	11400	32490000	11450	32775625

11451	32781350	11501	33068250	11551	33356400
11452	32787076	11502	33074001	11552	33362176
11453	32792802	11503	33079752	11553	33367952
11454	32798529	11504	33085504	11554	33373729
11455	32804256	11505	33091256	11555	33379506
11456	32809984	11506	33097009	11556	33385284
11457	32815712	11507	33102762	11557	33391062
11458	32821441	11508	33108516	11558	33396841
11459	32827170	11509	33114270	11559	33402620
11460	32832900	11510	33120025	11560	33408400
11461	32838630	11511	33125780	11561	33414180
11462	32844361	11512	33131536	11562	33419961
11463	32850092	11513	33137292	11563	33425742
11464	32855824	11514	33143049	11564	33431524
11465	32861556	11515	33148806	11565	33437306
11466	32867289	11516	33154564	11566	33443089
11467	32873022	11517	33160322	11567	33448872
11468	32878756	11518	33166081	11568	33454656
11469	32884490	11519	33171840	11569	33460440
11470	32890225	11520	33177600	11570	33466225
11471	32895960	11521	33183360	11571	33472010
11472	32901696	11522	33189121	11572	33477796
11473	32907432	11523	33194882	11573	33483582
11474	32913169	11524	33200644	11574	33489369
11475	32918906	11525	33206406	11575	33495156
11476	32924644	11526	33212169	11576	33500944
11477	32930382	11527	33217932	11577	33506732
11478	32936121	11528	33223696	11578	33512521
11479	32941860	11529	33229460	11579	33518310
11480	32947600	11530	33235225	11580	33524100
11481	32953340	11531	33240990	11581	33529890
11482	32959081	11532	33246756	11582	33535681
11483	32964822	11533	33252522	11583	33541472
11484	32970564	11534	33258289	11584	33547264
11485	32976306	11535	33264056	11585	33553056
11486	32982049	11536	33269824	11586	33558849
11487	32987792	11537	33275592	11587	33564642
11488	32993536	11538	33281361	11588	33570436
11489	32999280	11539	33287130	11589	33576230
11490	33005025	11540	33292900	11590	33582025
11491	33010770	11541	33298670	11591	33587820
11492	33016516	11542	33304441	11592	33593616
11493	33022262	11543	33310212	11593	33599412
11494	33028009	11544	33315984	11594	33605209
11495	33033756	11545	33321756	11595	33611006
11496	33039504	11546	33327529	11596	33616804
11497	33045252	11547	33333302	11597	33622602
11498	33051001	11548	33339076	11598	33628401
11499	33056750	11549	33344850	11599	33634200
11500	33062500	11550	33350625	11600	33640000

11601	33645800	11651	33936450	11701	34228350
11602	33651601	11652	33942276	11702	34234201
11603	33657402	11653	33948102	11703	34240052
11604	33663204	11654	33953929	11704	34245904
11605	33669006	11655	33959756	11705	34251756
11606	33674809	11656	33965584	11706	34257609
11607	33680612	11657	33971412	11707	34263462
11608	33686416	11658	33977241	11708	34269316
11609	33692220	11659	33983070	11709	34275170
11610	33698025	11660	33988900	11710	34281025
11611	33703830	11661	33994730	11711	34286880
11612	33709636	11662	34000561	11712	34292736
11613	33715442	11663	34006392	11713	34298592
11614	33721249	11664	34012224	11714	34304449
11615	33727056	11665	34018056	11715	34310306
11616	33732864	11666	34023889	11716	34316164
11617	33738672	11667	34029722	11717	34322022
11618	33744481	11668	34035556	11718	34327881
11619	33750290	11669	34041390	11719	34333740
11620	33756100	11670	34047225	11720	34339600
11621	33761910	11671	34053060	11721	34345460
11622	33767721	11672	34058896	11722	34351321
11623	33773532	11673	34064732	11723	34357182
11624	33779344	11674	34070569	11724	34363044
11625	33785156	11675	34076406	11725	34368906
11626	33790969	11676	34082244	11726	34374769
11627	33796782	11677	34088082	11727	34380632
11628	33802596	11678	34093921	11728	34386496
11629	33808410	11679	34099760	11729	34392360
11630	33814225	11680	34105600	11730	34398225
11631	33820040	11681	34111440	11731	34404090
11632	33825856	11682	34117281	11732	34409956
11633	33831672	11683	34123122	11733	34415822
11634	33837489	11684	34128964	11734	34421689
11635	33843306	11685	34134806	11735	34427556
11636	33849124	11686	34140649	11736	34433424
11637	33854942	11687	34146492	11737	34439292
11638	33860761	11688	34152336	11738	34445161
11639	33866580	11689	34158180	11739	34451030
11640	33872400	11690	34164025	11740	34456900
11641	33878220	11691	34169870	11741	34462770
11642	33884041	11692	34175716	11742	34468641
11643	33889862	11693	34181562	11743	34474512
11644	33895684	11694	34187409	11744	34480384
11645	33901506	11695	34193256	11745	34486256
11646	33907329	11696	34199104	11746	34492129
11647	33913152	11697	34204952	11747	34498002
11648	33918976	11698	34210801	11748	34503876
11649	33924800	11699	34216650	11749	34509750
11650	33930625	11700	34222500	11750	34515625

11751	34521500	11801	34815900	11851	35111550
11752	34527376	11802	34821801	11852	35117476
11753	34533252	11803	34827702	11853	35123402
11754	34539129	11804	34833604	11854	35129329
11755	34545006	11805	34839506	11855	35135256
11756	34550884	11806	34845409	11856	35141184
11757	54556762	11807	34851312	11857	35147112
11758	34562641	11808	34857216	11858	35153041
11759	34568520	11809	34863120	11859	35158970
11760	34574400	11810	34869025	11860	35164900
11761	34580280	11811	34874930	11861	35170830
11762	34586161	11812	34880836	11862	35176761
11763	34592042	11813	34886742	11863	35182692
11764	34597924	11814	34892649	11864	35188624
11765	34603806	11815	34898556	11865	35194556
11766	34609689	11816	34904464	11866	35200489
11767	34615572	11817	34910372	11867	35206422
11768	34621456	11818	34916281	11868	35212356
11769	34627340	11819	54922190	11869	35218290
11770	34635225	11820	34928100	11870	35224225
11771	34639110	11821	34934010	11871	35230160
11772	34644996	11822	34939921	11872	35236096
11773	34650882	11823	34945832	11873	35242032
11774	34656769	11824	34951744	11874	35247969
11775	34662656	11825	34957656	11875	35253906
11776	34668544	11826	34963569	11876	35259844
11777	34674432	11827	34969482	11877	35265782
11778	34680321	11828	34975396	11878	35271721
11779	34686210	11829	34981310	11879	35277660
11780	34692100	11830	34987225	11880	35283600
11781	34697990	11831	34993140	11881	35289540
11782	34703881	11832	34999056	11882	35295481
11783	34709772	11833	35004972	11883	35301422
11784	34715664	11834	35010889	11884	35307364
11785	34721556	11835	35016806	11885	35313306
11786	34727449	11836	35022724	11886	35319249
11787	34733342	11837	35028642	11887	35325192
11788	34739236	11838	35034561	11888	35331136
11789	34745130	11839	35040480	11889	35337080
11790	34751025	11840	35046400	11890	35343025
11791	34756920	11841	35052320	11891	35348970
11792	34762816	11842	35058241	11892	35354916
11793	34768712	11843	35064162	11893	35360862
11794	34774609	11844	35070084	11894	35366809
11795	34780506	11845	35076006	11895	35372756
11796	34786404	11846	35081929	11896	35378704
11797	34792302	11847	35087852	11897	35384652
11798	34798201	11848	35093776	11898	35390601
11799	34804100	11849	35099700	11899	35396550
11800	34810000	11850	35105625	11900	35402500

11901	35408450	11951	35706600	12001	36006000
11902	35414401	11952	35712576	12002	36012001
11903	35420352	11953	35718552	12003	36018002
11904	35426304	11954	35724529	12004	36024004
11905	35432256	11955	35730506	12005	36030006
11906	35438209	11956	35736484	12006	36036009
11907	35444162	11957	35742462	12007	36042012
11908	35450116	11958	35748441	12008	36048016
11909	35456070	11959	35754420	12009	36054020
11910	35462025	11960	35760400	12010	36060025
11911	35467980	11961	35766380	12011	36066030
11912	35473936	11962	35772361	12012	36072036
11913	35479892	11963	35778342	12013	36078042
11914	35485849	11964	35784324	12014	36084049
11915	35491806	11965	35790306	12015	36090056
11916	35497764	11966	35796289	12016	36096064
11917	35503722	11967	35802272	12017	36102072
11918	35509681	11968	35808256	12018	36108081
11919	35515640	11969	35814240	12019	36114090
11920	35521600	11970	35820225	12020	36120100
11921	35527560	11971	35826210	12021	36126110
11922	35533521	11972	35832196	12022	36132121
11923	35539482	11973	35838182	12023	36138132
11924	35545444	11974	35844169	12024	36144144
11925	35551406	11975	35850156	12025	36150156
11926	35557369	11976	35856144	12026	36156169
11927	35563332	11977	35862132	12027	36162182
11928	35569296	11978	35868121	12028	36168196
11929	35575260	11979	35874110	12029	36174210
11930	35581225	11980	35880100	12030	36180225
11931	35587190	11981	35886090	12031	36186240
11932	35593156	11982	35892081	12032	36192256
11933	35599122	11983	35898072	12033	36198272
11934	35605089	11984	35904064	12034	36204289
11935	35611056	11985	35910056	12035	36210306
11936	35617024	11986	35916049	12036	36216324
11937	35622992	11987	35922042	12037	36222342
11938	35628961	11988	35928036	12038	36228361
11939	35634930	11989	35934030	12039	36234380
11940	35640900	11990	35940025	12040	36240400
11941	35646870	11991	35946020	12041	36246420
11942	35652841	11992	35952016	12042	36252441
11943	35658812	11993	35958012	12043	36258462
11944	35664784	11994	35964009	12044	36264484
11945	35670756	11995	35970006	12045	36270506
11946	35676729	11996	35976004	12046	36276529
11947	35682702	11997	35982002	12047	36282552
11948	35688679	11998	35988001	12048	36288576
11949	35694650	11999	35994000	12049	36294600
11950	35700625	12000	36000000	12050	36300625

12051	36306650	12101	36608550	12151	36911700
12052	36312676	12102	36614601	12152	36917776
12053	36318702	12103	36620652	12153	36923852
12054	36324729	12104	36626704	12154	36929929
12055	36330756	12105	36632756	12155	36936006
12056	36336784	12106	36638809	12156	36942084
12057	36342812	12107	36644862	12157	36948162
12058	36348841	12108	36650916	12158	36954241
12059	36354870	12109	36656970	12159	36960320
12060	36360900	12110	36663025	12160	36966400
12061	36366930	12111	36669080	12161	36972480
12062	36372961	12112	36675136	12162	36978561
12063	36378992	12113	36681192	12163	36984642
12064	36385024	12114	36687249	12164	36990724
12065	36391056	12115	36693306	12165	36996806
12066	36397089	12116	36699364	12166	37002889
12067	36403122	12117	36705422	12167	37008972
12068	36409156	12118	36711481	12168	37015056
12069	36415190	12119	36717540	12169	37021140
12070	36421225	12120	36723600	12170	37027225
12071	36427260	12121	36729660	12171	37033310
12072	36433296	12122	36735721	12172	37039396
12073	36439332	12123	36741782	12173	37045482
12074	36445369	12124	36747844	12174	37051569
12075	36451406	12125	36753906	12175	37057656
12076	36457444	12126	36759969	12176	37063744
12077	36463482	12127	36766032	12177	37069832
12078	36469521	12128	36772096	12178	37075921
12079	36475560	12129	36778160	12179	37082010
12080	36481600	12130	36784225	12180	37088100
12081	36487640	12131	36790290	12181	37094190
12082	36493681	12132	36796356	12182	37100281
12083	36499722	12133	36802422	12183	37106372
12084	36505764	12134	36808489	12184	37112464
12085	36511806	12135	36814556	12185	37118556
12086	36517849	12136	36820624	12186	37124649
12087	36523892	12137	36826692	12187	37130742
12088	36529936	12138	36832761	12188	37136836
12089	36535980	12139	36838830	12189	37142930
12090	36542025	12140	36844900	12190	37149025
12091	36548070	12141	36850970	12191	37155120
12092	36554116	12142	36857041	12192	37161216
12093	36560162	12143	36863112	12193	37167312
12094	36566209	12144	36869184	12194	37173409
12095	36572256	12145	36875256	12195	37179506
12096	36578304	12146	36881329	12196	37185604
12097	36584352	12147	36887402	12197	37191702
12098	36590401	12148	36893476	12198	37197801
12099	36596450	12149	36899550	12199	37203900
12100	36602500	12150	36905625	12200	37210000

12201	37216100	12251	37521750	12301	37828650
12202	37222201	12252	37527876	12302	37834801
12203	37228302	12253	37534002	12303	37840952
12204	37234404	12254	37540129	12304	37847104
12205	37240506	12255	37546256	12305	37853256
12206	37246609	12256	37552384	12306	37859409
12207	37252712	12257	37558512	12307	37865562
12208	37258816	12258	37564641	12308	37871716
12209	37264920	12259	37570770	12309	37877870
12210	37271025	12260	37576900	12310	37884025
12211	37277130	12261	37583030	12311	37890180
12212	37283236	12262	37589161	12312	37896336
12213	37289342	12263	37595292	12313	37902492
12214	37295449	12264	37601424	12314	37908649
12215	37301556	12265	37607556	12315	37914806
12216	37307664	12266	37613689	12316	37920964
12217	37313772	12267	37619822	12317	37927122
12218	37319881	12268	37625956	12318	37933281
12219	37325990	12269	37632090	12319	37939440
12220	37332100	12270	37638225	12320	37945600
12221	37338210	12271	37644360	12321	37951760
12222	37344321	12272	37650496	12322	37957921
12223	37350432	12273	37656632	12323	37964082
12224	37356544	12274	37662769	12324	37970244
12225	37362656	12275	37668906	12325	37976406
12226	37368769	12276	37675044	12326	37982569
12227	37374882	12277	37681182	12327	37988732
12228	37380996	12278	37687321	12328	37994896
12229	37387110	12279	37693460	12329	38001060
12230	37393225	12280	37699600	12330	38007225
12231	37399340	12281	37705740	12331	38013390
12232	37405456	12282	37711881	12332	38019556
12233	37411572	12283	37718022	12333	38025722
12234	37417689	12284	37724164	12334	38031889
12235	37423806	12285	37730306	12335	38038056
12236	37429924	12286	37736449	12336	38044224
12237	37436042	12287	37742592	12337	38050392
12238	37442161	12288	37748736	12338	38056561
12239	37448280	12289	37754880	12339	38062730
12240	37454400	12290	37761025	12340	38068900
12241	37460520	12291	37767170	12341	38075070
12242	37466641	12292	37773316	12342	38081241
12243	37472762	12293	37779462	12343	38087412
12244	37478884	12294	37785609	12344	38093584
12245	37485006	12295	37791756	12345	38099756
12246	37491129	12296	37797904	12346	38105929
12247	37497252	12297	37804052	12347	38112102
12248	37503376	12298	37810201	12348	38118276
12249	37509500	12299	37816350	12349	38124450
12250	37515625	12300	37822500	12350	38130625

12351	38136800	12401	38446200	12451	38756850
12352	38142976	12402	38452401	12452	38763076
12353	38149152	12403	38458602	12453	38769302
12354	38155329	12404	38464804	12454	38775529
12355	38161506	12405	38471006	12455	38781756
12356	38167684	12406	38477209	12456	38787984
12357	38173862	12407	38483412	12457	38794212
12358	38180041	12408	38489616	12458	38800441
12359	38186220	12409	38495820	12459	38806670
12360	38192400	12410	38502025	12460	38812900
12361	38198580	12411	38508230	12461	38819130
12362	38204761	12412	38514436	12462	38825361
12363	38210942	12413	38520642	12463	38831592
12364	38217124	12414	38526849	12464	38837824
12365	38223306	12415	38533056	12465	38844056
12366	38229489	12416	38539264	12466	38850289
12367	38235672	12417	38545472	12467	38856522
12368	38241856	12418	38551681	12468	38862756
12369	38248040	12419	38557890	12469	38868990
12370	38254225	12420	38564100	12470	38875225
12371	38260410	12421	38570310	12471	38881460
12372	38266596	12422	38576521	12472	38887696
12373	38272782	12423	38582732	12473	38893932
12374	38278969	12424	38588944	12474	38900169
12375	38285156	12425	38595156	12475	38906406
12376	38291344	12426	38601369	12476	38912644
12377	38297532	12427	38607582	12477	38918882
12378	38303721	12428	38613796	12478	38925121
12379	38309910	12429	38620010	12479	38931360
12380	38316100	12430	38626225	12480	38937600
12381	38322290	12431	38632440	12481	38943840
12582	38328481	12432	38638656	12482	38950081
12583	38334672	12433	38644872	12483	38956322
12384	38340864	12434	38651089	12484	38962564
12385	38347056	12435	38657306	12485	38968806
12386	38353249	12436	38663524	12486	38975049
12387	38359442	12437	38669742	12487	38981292
12388	38365636	12438	38675961	12488	38987536
12389	38371830	12439	38682180	12489	38993780
12390	38378025	12440	38688400	12490	39000025
12391	38384220	12441	38694620	12491	39006270
12592	38390416	12442	38700841	12492	39012516
12393	38396612	12443	38707062	12493	39018762
12394	38402809	12444	38713284	12494	39025009
12395	38409006	12445	38719506	12495	39031256
12396	38415204	12446	38725729	12496	39037504
12397	38421402	12447	38731952	12497	39043752
12398	38427601	12448	38738176	12498	39050001
12399	38433800	12449	38744400	12499	39056250
12400	38440000	12450	38750625	12500	39062500

12501	39068750	12551	39381900	12601	39696300
12502	39075001	12552	39388176	12602	39702601
12503	39081252	12553	39394452	12603	39708902
12504	39087504	12554	39400729	12604	39715204
12505	39093756	12555	39407006	12605	39721506
12506	39100009	12556	39413284	12606	39727809
12507	39106262	12557	39419562	12607	39734112
12508	39112516	12558	39425841	12608	39740416
12509	39118770	12559	39432120	12609	39746720
12510	39125025	12560	39438400	12610	39753025
12511	39131280	12561	39444680	12611	39759330
12512	39137536	12562	39450961	12612	39765636
12513	39143792	12563	39457242	12613	39771942
12514	39150049	12564	39463524	12614	39778249
12515	39156306	12565	39469806	12615	39784556
12516	39162564	12566	39476089	12616	39790864
12517	39168822	12567	39482372	12617	39797172
12518	39175081	12568	39488656	12618	39803481
12519	39181340	12569	39494940	12619	39809790
12520	39187600	12570	39501225	12620	39816100
12521	39193860	12571	39507510	12621	39822410
12522	39200121	12572	39513796	12622	39828721
12523	39206382	12573	39520082	12623	39835032
12524	39212644	12574	39526369	12624	39841344
12525	39218906	12575	39532656	12625	39847656
12526	39225169	12576	39538944	12626	39853969
12527	39231432	12577	39545232	12627	39860282
12528	39237696	12578	39551521	12628	39866596
12529	39243960	12579	39557810	12629	39872910
12530	39250225	12580	39564100	12630	39879225
12531	39256490	12581	39570390	12631	39885540
12532	39262756	12582	39576681	12632	39891856
12533	39269022	12583	39582972	12633	39898172
12534	39275289	12584	39589264	12634	39904489
12535	39281556	12585	39595556	12635	39910806
12536	39287824	12586	39601849	12636	39917124
12537	39294092	12587	39608142	12637	39923442
12538	39300361	12588	39614436	12638	39929761
12539	39306630	12589	39620730	12639	39936080
12540	39312900	12590	39627025	12640	39942400
12541	39319170	12591	39633320	12641	39948720
12542	39325441	12592	39639616	12642	39955041
12543	39331712	12593	39645912	12643	39961362
12544	39337984	12594	39652209	12644	39967684
12545	39344256	12595	39658506	12645	39974006
12546	39350529	12596	39664804	12646	39980329
12547	39356802	12597	39671102	12647	39986652
12548	39363076	12598	39677401	12648	39992976
12549	39369350	12599	39683700	12649	39999300
12550	39375625	12600	39690000	12650	40005625

12651	40011950	12701	40328850	12751	40647000
12652	40018276	12702	40335201	12752	40653376
12653	40024602	12703	40341552	12753	40659752
12654	40030929	12704	40347904	12754	40666129
12655	40037256	12705	40354256	12755	40672506
12656	40043584	12706	40360609	12756	40678884
12657	40049912	12707	40366962	12757	40685262
12658	40056241	12708	40373316	12758	40691641
12659	40062570	12709	40379670	12759	40698020
12660	40068900	12710	40386025	12760	40704400
12661	40075230	12711	40392380	12761	40710780
12662	40081561	12712	40398736	12762	40717161
12663	40087892	12713	40405092	12763	40723542
12664	40094224	12714	40411449	12764	40729924
12665	40100556	12715	40417806	12765	40736306
12666	40106889	12716	40424164	12766	40742689
12667	40113222	12717	40430522	12767	40749072
12668	40119556	12718	40436881	12768	40755459
12669	40125890	12719	40443240	12769	40761840
12670	40132225	12720	40449600	12770	40768223
12671	40138560	12721	40455960	12771	40774610
12672	40144896	12722	40462321	12772	40780996
12673	40151232	12723	40468682	12773	40787382
12674	40157569	12724	40475044	12774	40793769
12675	40163906	12725	40481406	12775	40800156
12676	40170244	12726	40487769	12776	40806544
12677	40176582	12727	40494132	12777	40812932
12678	40182921	12728	40500496	12778	40819321
12679	40189260	12729	40506860	12779	40825710
12680	40195600	12730	40513225	12780	40832100
12681	40201940	12731	40519590	12781	40858490
12682	40208281	12732	40525956	12782	40844881
12683	40214622	12733	40532322	12783	40851272
12684	40220964	12734	40538689	12784	40857664
12685	40227306	12735	40545056	12785	40864056
12686	40233649	12736	40551424	12786	40870449
12687	40239992	12737	40557792	12787	40876842
12688	40246336	12738	40564161	12788	40883236
12689	40252680	12739	40570530	12789	40889630
12690	40259025	12740	40576900	12790	40896025
12691	40265370	12741	40583270	12791	40902420
12692	40271716	12742	40589641	12792	40908816
12693	40278062	12743	40596012	12793	40915212
12694	40284409	12744	40602384	12794	40921609
12695	40290756	12745	40608756	12795	40928006
12696	40297104	12746	40615129	12796	40934404
12697	40303452	12747	40621502	12797	40940802
12698	40309801	12748	40627876	12798	40947201
12699	40316150	12749	40634250	12799	40953600
12700	40322500	12750	40640625	12800	40960000

12801	40966400	12851	41287050	12901	41608950
12802	40972801	12852	41293476	12902	41615401
12803	40979202	12853	41299902	12903	41621852
12804	40985604	12854	41306329	12904	41628304
12805	40992006	12855	41312756	12905	41634756
12806	40998409	12856	41319184	12906	41641209
12807	41004812	12857	41325612	12907	41647662
12808	41011216	12858	41332041	12908	41654116
12809	41017620	12859	41338470	12909	41660570
12810	41024025	12860	41344900	12910	41667025
12811	41030430	12861	41351330	12911	41673480
12812	41036836	12862	41357761	12912	41679936
12813	41043242	12863	41364192	12913	41686392
12814	41049649	12864	41370624	12914	41692849
12815	41056056	12865	41377056	12915	41699306
12816	41062464	12866	41383489	12916	41705764
12817	41068872	12867	41389922	12917	41712222
12818	41075281	12868	41396356	12918	41718681
12819	41081690	12869	41402790	12919	41725140
12820	41088100	12870	41409225	12920	41731600
12821	41094510	12871	41415660	12921	41738060
12822	41100921	12872	41422096	12922	41744521
12823	41107332	12873	41428532	12923	41750982
12824	41113744	12874	41434969	12924	41757444
12825	41120156	12875	41441406	12925	41763906
12826	41126569	12876	41447844	12926	41770369
12827	41132982	12877	41454282	12927	41776832
12828	41139396	12878	41460721	12928	41783296
12829	41145810	12879	41467160	12929	41789760
12830	41152225	12880	41473600	12930	41796225
12831	41158640	12881	41480040	12931	41802690
12832	41165056	12882	41486481	12932	41809156
12833	41171472	12883	41492922	12933	41815622
12834	41177889	12884	41499364	12934	41822089
12835	41184306	12885	41505806	12935	41828556
12836	41190724	12886	41512249	12936	41835024
12837	41197142	12887	41518692	12937	41841492
12838	41203561	12888	41525136	12938	41847961
12839	41209980	12889	41531580	12939	41854430
12840	41216400	12890	41538025	12940	41860900
12841	41222820	12891	41544470	12941	41867370
12842	41229241	12892	41550916	12942	41873841
12843	41235662	12893	41557362	12943	41880312
12844	41242084	12894	41563809	12944	41886784
12845	41248506	12895	41570256	12945	41893256
12846	41254929	12896	41576704	12946	41899729
12847	41261352	12897	41583152	12947	41906202
12848	41267776	12898	41589601	12948	41912676
12849	41274200	12899	41596050	12949	41919150
12850	41280625	12900	41602500	12950	41925625

12951	41932100	13001	42256500	13051	42582150
12952	41938576	13002	42263001	13052	42588676
12953	41945052	13003	42269502	13053	42595202
12954	41951529	13004	42276004	13054	42601729
12955	41958006	13005	42282506	13055	42608256
12956	41964484	13006	42289009	13056	42614784
12957	41970962	13007	42295512	13057	42621312
12958	41977441	13008	42302016	13058	42627841
12959	41983920	13009	42308520	13059	42634370
12960	41990400	13010	42315025	13060	42640900
12961	41996880	13011	42321530	13061	42647430
12962	42003361	13012	42328036	13062	42653961
12963	42009842	13013	42334542	13063	42660492
12964	42016324	13014	42341049	13064	42667024
12965	42022806	13015	42347556	13065	42673556
12966	42029289	13016	42354064	13066	42680089
12967	42035772	13017	42360572	13067	42686622
12968	42042256	13018	42367081	13068	42693156
12969	42048740	13019	42373590	13069	42699690
12970	42055225	13020	42380100	13070	42706225
12971	42061710	13021	42386610	13071	42712760
12972	42068196	13022	42393121	13072	42719296
12973	42074682	13023	42399632	13073	42725832
12974	42081169	13024	42406144	13074	42732369
12975	42087656	13025	42412656	13075	42738906
12976	42094144	13026	42419169	13076	42745444
12977	42100632	13027	42425682	13077	42751982
12978	42107121	13028	42432196	13078	42758521
12979	42113610	13029	42438710	13079	42765060
12980	42120100	13030	42445225	13080	42771600
12981	42126590	13031	42451740	13081	42778140
12982	42133081	13032	42458256	13082	42784681
12983	42139572	13033	42464772	13083	42791222
12984	42146064	13034	42471289	13084	42797764
12985	42152556	13035	42477806	13085	42804306
12986	42159049	13036	42484324	13086	42810849
12987	42165542	13037	42490842	13087	42817392
12988	42172036	13038	42497361	13088	42823936
12989	42178530	13039	42503880	13089	42830480
12990	42185025	13040	42510400	13090	42837025
12991	42191520	13041	42516920	13091	42843570
12992	42198016	13042	42523441	13092	42850116
12993	42204512	13043	42529962	13093	42856662
12994	42211009	13044	42536484	13094	42863209
12995	42217506	13045	42543006	13095	42869756
12996	42224004	13046	42549529	13096	42876304
12997	42230502	13047	42556052	13097	42882852
12998	42237001	13048	42562576	13098	42889401
12999	42243500	13049	42569100	13099	42895950
13000	42250000	13050	42575625	13100	42902500

13101	42909050	13151	43237200	13201	43566600
13102	42915601	13152	43243776	13202	43573201
13103	42922152	13153	43250352	13203	43579802
13104	42928704	13154	43256929	13204	43586404
13105	42935256	13155	43263506	13205	43593006
13106	42941809	13156	43270084	13206	43599609
13107	42948362	13157	43276662	13207	43606212
13108	42954916	13158	43283241	13208	43612816
13109	42961470	13159	43289820	13209	43619420
13110	42968025	13160	43296400	13210	43626025
13111	42974580	13161	43302980	13211	43632630
13112	42981136	13162	43309561	13212	43639236
13113	42987692	13163	43316142	13213	43645842
13114	42994249	13164	43322724	13214	43652449
13115	43000806	13165	43329306	13215	43659056
13116	43007364	13166	43335889	13216	43665664
13117	43013922	13167	43342472	13217	43672272
13118	43020481	13168	43349056	13218	43678881
13119	43027040	13169	43355640	13219	43685490
13120	43033600	13170	43362225	13220	43692100
13121	43040160	13171	43368810	13221	43698710
13122	43046721	13172	43375396	13222	43705321
13123	43053282	13173	43381982	13223	43711932
13124	43059844	13174	43388569	13224	43718544
13125	43066406	13175	43395156	13225	43725156
13126	43072969	13176	43401744	13226	43731769
13127	43079532	13177	43408332	13227	43738382
13128	43086096	13178	43414921	13228	43744996
13129	43092660	13179	43421510	13229	43751610
13130	43099225	13180	43428100	13230	43758225
13131	43105790	13181	43434690	13231	43764840
13132	43112356	13182	43441281	13232	43771456
13133	43118922	13183	43447872	13233	43778072
13134	43125489	13184	43454464	13234	43784689
13135	43132056	13185	43461056	13235	43791306
13136	43138624	13186	43467649	13236	43797924
13137	43145192	13187	43474242	13237	43804542
13138	43151761	13188	43480836	13238	43811161
13139	43158330	13189	43487430	13239	43817780
13140	43164900	13190	43494025	13240	43824400
13141	43171470	13191	43500620	13241	43831029
13142	43178041	13192	43507216	13242	43837641
13143	43184612	13193	43513812	13243	43844262
13144	43191184	13194	43520409	13244	43850884
13145	43197756	13195	43527006	13245	43857506
13146	43204329	13196	43533604	13246	43864129
13147	43210902	13197	43540202	13247	54870752
13148	43217476	13198	43546801	13248	43877376
13149	43224050	13199	43553400	13249	43884000
13150	43230625	13200	43560000	13250	43890625

13251	43897250	13301	44229150	13351	44562300
13252	43903876	13302	44235801	13352	44568976
13253	43910502	13303	44242452	13353	44575652
13254	43917129	13304	44249104	13354	44582329
13255	43923756	13305	44255756	13355	44589006
13256	43930384	13306	44262409	13356	44595684
13257	43937012	13307	44269062	13357	44602362
13258	43943641	13308	44275716	13358	44609041
13259	43950270	13309	44282370	13359	44615720
13260	43956900	13310	44289025	13360	44622400
13261	43963530	13311	44295680	13361	44629080
13262	43970161	13312	44302336	13362	44635761
13263	43976792	13313	44308992	13363	44642442
13264	43983424	13314	44315649	13364	44649124
13265	43990056	13315	44322306	13365	44655806
13266	43996689	13316	44328964	13366	44662489
13267	44003322	13317	44335622	13367	44669172
13268	44009956	13318	44342281	13368	44675856
13269	44016590	13319	44348940	13369	44682540
13270	44023225	13320	44355600	13370	44689225
13271	44029860	13321	44362260	13371	44695910
13272	44036496	13322	44368921	13372	44702596
13273	44043132	13323	44375582	13373	44709282
13274	44049769	13324	44382244	13374	44715969
13275	44056406	13325	44388906	13375	44722656
13276	44063044	13326	44395569	13376	44729344
13277	44069682	13327	44402232	13377	44736032
13278	44076321	13328	44408896	13378	44742721
13279	44082960	13329	44415560	13379	44749410
13280	44089600	13330	44422225	13380	44756100
13281	44096240	13331	44428890	13381	44762790
13282	44102881	13332	44435556	13382	44769481
13283	44109522	13333	44442222	13383	44776172
13284	44116164	13334	44448889	13384	44782864
13285	44122806	13335	44455556	13385	44789556
13286	44129449	13336	44462224	13386	44796249
13287	44136092	13337	44468892	13387	44802942
13288	44142736	13338	44475561	13388	44809636
13289	44149380	13339	44482230	13389	44816330
13290	44156025	13340	44488900	13390	44823025
13291	44162670	13341	44495570	13391	44829720
13292	44169316	13342	44502241	13392	44836416
13293	44175962	13343	44508912	13393	44843112
13294	44182609	13344	44515584	13394	44849809
13295	44189256	13345	44522256	13395	44856506
13296	44195904	13346	44528929	13396	44863204
13297	44202552	13347	44535602	13397	44869902
13298	44209201	13348	44542276	13398	44876601
13299	44215850	13349	44548950	13399	44883300
13300	44222500	13350	44555625	13400	44890000

13401	44896700	13451	45232350	13501	45569250
13402	44903401	13452	45239076	13502	45576001
13403	44910102	13453	45245802	13503	45582752
13404	44916804	13454	45252529	13504	45589504
13405	44923506	13455	45259256	13505	45596256
13406	44930209	13456	45265984	13506	45603009
13407	44936912	13457	45272712	13507	45609762
13408	44943616	13458	45279441	13508	45616516
13409	44950320	13459	45286170	13509	45623270
13410	44957025	13460	45292900	13510	45630025
13411	44963730	13461	45299630	13511	45636780
13412	44970436	13462	45306361	13512	45643536
13413	44977142	13463	45313092	13513	45650292
13414	44983849	13464	45319824	13514	45657049
13415	44990556	13465	45326556	13515	45663806
13416	44997264	13466	45333289	13516	45670564
13417	45003972	13467	45340022	13517	45677322
13418	45010681	13468	45346756	13518	45684081
13419	45017390	13469	45353490	13519	45690840
13420	45024100	13470	45360225	13520	45697600
13421	45030810	13471	45366960	13521	45704360
13422	45037521	13472	45373696	13522	45711121
13423	45044232	13473	45380432	13523	45717882
13424	45050944	13474	45387169	13524	45724644
13425	45057656	13475	45393906	13525	45731406
13426	45064369	13476	45400644	13526	45738169
13427	45071082	13477	45407382	13527	45744932
13428	45077796	13478	45414121	13528	45751696
13429	45084510	13479	45420860	13529	45758460
13430	45091225	13480	45427600	13530	45765225
13431	45097940	13481	45434340	13531	45771990
13432	45104656	13482	45441081	13532	45778756
13433	45111372	13483	45447822	13533	45785522
13434	45118089	13484	45454564	13534	45792289
13435	45124806	13485	45461306	13535	45799056
13436	45131524	13486	45468049	13536	45805824
13437	45138242	13487	45474792	13537	45812592
13438	45144961	13488	45481536	13538	45819361
13439	45151680	13489	45488280	13539	45826130
13440	45158400	13490	45495025	13540	45832900
13441	45165120	13491	45501770	13541	45839670
13442	45171841	13492	45508516	13542	45846441
13443	45178562	13493	45515262	13543	45853212
13444	45185284	13494	45522009	13544	45859984
13445	45192006	13495	45528756	13545	45866756
13446	45198729	13496	45535504	13546	45873529
13447	45205452	13497	45542252	13547	45880302
13448	45212176	13498	45549001	13548	45887076
13449	45218900	13499	45555750	13549	45893850
13450	45225625	13500	45562500	13550	45900625

13551	45907400	13601	46246800	13651	46587450
13552	45914176	13602	46253601	13652	46594276
13553	45920952	13603	46260402	13653	46601102
13554	45927729	13604	46267204	13654	46607929
13555	45934506	13605	46274006	13655	46614756
13556	45941284	13606	46280809	13656	46621584
13557	45948062	13607	46287612	13657	46628412
13558	45954841	13608	46294416	13658	46635241
13559	45961620	13609	46301220	13659	46642070
13560	45968400	13610	46308025	13660	46648900
13561	45975180	13611	46314830	13661	46655730
13562	45981961	13612	46321636	13662	46662561
13563	45988742	13613	46328442	13663	46669392
13564	45995524	13614	46335249	13664	46676224
13565	46002306	13615	46342056	13665	46683056
13566	46009089	13616	46348864	13666	46689889
13567	46015872	13617	46355672	13667	46696722
13568	46022656	13618	46362481	13668	46703556
13569	46029440	13619	46369290	13669	46710390
13570	46036225	13620	46376100	13670	46717225
13571	46043010	13621	46382910	13671	46724060
13572	46049796	13622	46388721	13672	46730896
13573	46056582	13623	46396532	13673	46737732
13574	46063369	13624	46403344	13674	46744569
13575	46070156	13625	46410156	13675	46751406
13576	46076944	13626	46416969	13676	46758244
13577	46083732	13627	46423782	13677	46765082
13578	46090521	13628	46430596	13678	46771921
13579	46097310	13629	46437410	13679	46778760
13580	46104100	13630	46444225	13680	46785600
13581	46110890	13631	46451040	13681	46792440
13582	46117681	13632	46457856	13682	46799281
13583	46124472	13633	46464672	13683	46806122
13584	46131264	13634	46471489	13684	46812964
13585	46138056	13635	46478306	13685	46819806
13586	46144849	13636	46485124	13686	46826649
13587	46151642	13637	46491942	13687	46833492
13588	46158436	13638	46498761	13688	46840336
13589	46165230	13639	46505580	13689	46847180
13590	46172025	13640	46512400	13690	46854025
13591	46178820	13641	46519220	13691	46860870
13592	46185616	13642	46526041	13692	46867716
13593	46192412	13643	46532862	13693	46874562
13594	46199209	13644	46539684	13694	46881409
13595	46206006	13645	46546506	13695	46888256
13596	46212804	13646	46553329	13696	46895104
13597	46219602	13647	46560152	13697	46901952
13598	46226401	13648	46566976	13698	46908801
13599	46233200	13649	46573800	13699	46915650
13600	46240000	13650	46580625	13700	46922500

13701	46929350	13751	47272500	13801	47616900
13702	46936201	13752	47279376	13802	47623801
13703	46943052	13753	47286252	13803	47630702
13704	46949904	13754	47293129	13804	47637604
13705	46956756	13755	47300006	13805	47644506
13706	46963609	13756	47306884	13806	47651409
13707	46970462	13757	47313762	13807	47658312
13708	46977316	13758	47320641	13808	47665216
13709	46984170	13759	47327520	13809	47672120
13710	46991025	13760	47334400	13810	47679025
13711	46997880	13761	47341280	13811	47685930
13712	47004736	13762	47348161	13812	47692836
13713	47011592	13763	47355042	13813	47699742
13714	47018449	13764	47361924	13814	47706649
13715	47025306	13765	47368806	13815	47713556
13716	47032164	13766	47375689	13816	47720464
13717	47039022	13767	47382572	13817	47727372
13718	47045881	13768	47389456	13818	47734281
13719	47052740	13769	47396340	13819	47741190
13720	47059600	13770	47403225	13820	47748100
13721	47066460	13771	47410110	13821	47755010
13722	47073321	13772	47416996	13822	47761921
13723	47080182	13773	47423882	13823	47768832
13724	47087044	13774	47430769	13824	47775744
13725	47093906	13775	47437656	13825	47782656
13726	47100769	13776	47444544	13826	47789569
13727	47107632	13777	47451432	13827	47796482
13728	47114496	13778	47458321	13828	47803396
13729	47121360	13779	47465210	13829	47810310
13730	47128225	13780	47472100	13830	47817225
13731	47135090	13781	47478990	13831	47824140
13732	47141956	13782	47485881	13832	47831056
13733	47148822	13783	47492772	13833	47837972
13734	47155689	13784	47499664	13834	47844889
13735	47162556	13785	47506556	13835	47851806
13736	47169424	13786	47513449	13836	47858724
13737	47176292	13787	47520342	13837	47865642
13738	47183161	13788	47527236	13838	47872561
13739	47190030	13789	47534130	13839	47879480
13740	47196900	13790	47541025	13840	47886400
13741	47205770	13791	47547920	13841	47893320
13742	47210641	13792	47554816	13842	47900241
13743	47217512	13793	47561712	13843	47907162
13744	47224384	13794	47568609	13844	47914084
13745	47231256	13795	47575506	13845	47921006
13746	47238129	13796	47582404	13846	47927929
13747	47245002	13797	47589302	13847	47934852
13748	47251876	13798	47596201	13848	47941776
13749	47258750	13799	47603100	13849	47948700
13750	47265625	13800	47610000	13850	47955625

13851	47962550	13901	48309450	13951	48657600
13852	47969476	13902	48316401	13952	48664576
13853	47976402	13903	48323352	13953	48671552
13854	47983529	13904	48330304	13954	48678529
13855	47990256	13905	48337256	13955	48685506
13856	47997184	13906	48344209	13956	48692484
13857	48004112	13907	48351162	13957	48699462
13858	48011041	13908	48358116	13958	48706441
13859	48017970	13909	48365070	13959	48713420
13860	48024900	13910	48372025	13960	48720400
13861	48031830	13911	48378980	13961	48727380
13862	48038761	13912	48385936	13962	48734361
13863	48045692	13913	48392892	13963	48741342
13864	48052624	13914	48399849	13964	48748324
13865	48059556	13915	48406806	13965	48755306
13866	48066489	13916	48413764	13966	48762289
13867	48073422	13917	48420722	13967	48769272
13868	48080356	13918	48427681	13968	48776256
13869	48087290	13919	48434640	13969	48783240
13870	48094225	13920	48441600	13970	48790225
13871	48101160	13921	48448560	13971	48797210
13872	48108096	13922	48455521	13972	48804196
13873	48115032	13923	48462482	13973	48811182
13874	48121969	13924	48469444	13974	48818169
13875	48128906	13925	48476406	13975	48825156
13876	48135844	13926	48483369	13976	48832144
13877	48142782	13927	48490332	13977	48839132
13878	48149721	13928	48497296	13978	48846121
13879	48156660	13929	48504260	13979	48853110
13880	48163600	13930	48511225	13980	48860100
13881	48170540	13931	48518190	13981	48867090
13882	48177481	13932	48525156	13982	48874081
13883	48184422	13933	48532122	13983	48881072
13884	48191364	13934	48539089	13984	48888064
13885	48198306	13935	48546056	13985	48895056
13886	48205249	13936	48553024	13986	48902049
13887	48212192	13937	48559992	13987	48909042
13888	48219136	13938	48566961	13988	48916036
13889	48226080	13939	48573930	13989	48923030
13890	48233025	13940	48580900	13990	48930025
13891	48239970	13941	48587870	13991	48937020
13892	48246916	13942	48594841	13992	48944016
13893	48253862	13943	48601812	13993	48951012
13894	48260809	13944	48608784	13994	48958009
13895	48267756	13945	48615756	13995	48965006
13896	48274704	13946	48622729	13996	48972004
13897	48281652	13947	48629702	13997	48979002
13898	48288601	13948	48636676	13998	48986001
13899	48295550	13949	48643650	13999	48993000
13900	48302500	13950	48650625	14000	49000000

14001	49007000	14051	49357650	14101	49709550
14002	49014001	14052	49364676	14102	49716601
14003	49021002	14053	49371702	14103	49723652
14004	49028004	14054	49378729	14104	49730704
14005	49035006	14055	49385756	14105	49737756
14006	49042009	14056	49392784	14106	49744809
14007	49049012	14057	49399812	14107	49751862
14008	49056016	14058	49406841	14108	49758916
14009	49063020	14059	49413870	14109	49765970
14010	49070025	14060	49420900	14110	49773025
14011	49077030	14061	49427930	14111	49780080
14012	49084036	14062	49434961	14112	49787136
14013	49091042	14063	49441992	14113	49794192
14014	49098049	14064	49449024	14114	49801249
14015	49105056	14065	49456056	14115	49808306
14016	49112064	14066	49463089	14116	49815364
14017	49119072	14067	49470122	14117	49822422
14018	49126081	14068	49477156	14118	49829481
14019	49133090	14069	49484190	14119	49836540
14020	49140100	14070	49491225	14120	49843600
14021	49147110	14071	49498260	14121	49850660
14022	49154121	14072	49505296	14122	49857721
14023	49161132	14073	49512332	14123	49864782
14024	49168144	14074	49519369	14124	49871844
14025	49175156	14075	49526406	14125	49878906
14026	49182169	14076	49533444	14126	49885969
14027	49189182	14077	49540482	14127	49893032
14028	49196196	14078	49547421	14128	49900096
14029	49203210	14079	49554590	14129	49907160
14030	49210225	14080	49561600	14130	49914225
14031	49217240	14081	49568640	14131	49921290
14032	49224256	14082	49575681	14132	49928356
14033	49231272	14083	49582722	14133	49935422
14034	49238289	14084	49589764	14134	49942489
14035	49245306	14085	49596806	14135	49949556
14036	49252324	14086	49603849	14136	49956624
14037	49259342	14087	49610892	14137	49963692
14038	49266361	14088	49617936	14138	49970761
14039	49273380	14089	49624980	14139	49977830
14040	49280400	14090	49632025	14140	49984900
14041	49287420	14091	49639070	14141	49991970
14042	49294441	14092	49646116	14142	49999041
14043	49301462	14093	49653162	14143	50006112
14044	49308484	14094	49660209	14144	50013184
14045	49315506	14095	49667256	14145	50020256
14046	49322529	14096	49674304	14146	50027329
14047	49329552	14097	49681352	14147	50034402
14048	49336576	14098	49688401	14148	50041476
14049	49343600	14099	49695450	14149	50048550
14050	49350625	14100	49702500	14150	50055625

14151	50062700	14201	50417100	14251	50772750
14152	50069776	14202	50424201	14252	50779876
14153	50076852	14203	50431302	14253	50787002
14154	50083929	14204	50438404	14254	50794129
14155	50091006	14205	50445506	14255	50801256
14156	50098084	14206	50452609	14256	50808384
14157	50105162	14207	50459712	14257	50815512
14158	50112241	14208	50466816	14258	50822641
14159	50119320	14209	50473920	14259	50829770
14160	50126400	14210	50481025	14260	50836900
14161	50133480	14211	50488130	14261	50844030
14162	50140561	14212	50495236	14262	50851161
14163	50147642	14213	50502342	14263	50858292
14164	50154724	14214	50509449	14264	50865424
14165	50161806	14215	50516556	14265	50872556
14166	50168889	14216	50523664	14266	50879689
14167	50175972	14217	50530772	14267	50886822
14168	50183056	14218	50537881	14268	50893956
14169	50190140	14219	50544990	14269	50901090
14170	50197225	14220	50552100	14270	50908225
14171	50204310	14221	50559210	14271	50915360
14172	50211396	14222	50566321	14272	50922496
14173	50218482	14223	50573432	14273	50929632
14174	50225569	14224	50580544	14274	50936769
14175	50232656	14225	50587656	14275	50943906
14176	50239744	14226	50594769	14276	50951044
14177	50246852	14227	50601882	14277	50958182
14178	50253921	14228	50608996	14278	50965321
14179	50261010	14229	50616110	14279	50972460
14180	50268100	14230	50623225	14280	50979600
14181	50275190	14231	50630340	14281	50986740
14182	50282281	14232	50637456	14282	50993881
14183	50289372	14233	50644572	14283	51001022
14184	50296464	14234	50651689	14284	51008164
14185	50303556	14235	50658806	14285	51015306
14186	50310649	14236	50665924	14286	51022449
14187	50317742	14237	50673042	14287	51029592
14188	50324836	14238	50680161	14288	51036736
14189	50331930	14239	50687280	14289	51043880
14190	50339025	14240	50694400	14290	51051025
14191	50346120	14241	50701520	14291	51058170
14192	50353216	14242	50708641	14292	51065316
14193	50360312	14243	50715762	14293	51072462
14194	50367409	14244	50722884	14294	51079609
14195	50374506	14245	50730006	14295	51086756
14196	50381604	14246	50737129	14296	51093904
14197	50388702	14247	50744252	14297	51101052
14198	50395801	14248	50751376	14298	51108201
14199	50402900	14249	50758500	14299	51115350
14200	50410000	14250	50765625	14300	51122500

14301	51129650	14351	51487800	14401	51847200
14302	51136801	14352	51494976	14402	51854401
14303	51143952	14353	51502152	14403	51861602
14304	51151104	14354	51509329	14404	51868804
14305	51158256	14355	51516506	14405	51876006
14306	51165409	14356	51523684	14406	51883209
14307	51172562	14357	51530862	14407	51890412
14308	51179716	14358	51538041	14408	51897616
14309	51186870	14359	51545220	14409	51904820
14310	51194025	14360	51552400	14410	51912025
14311	51201180	14361	51559580	14411	51919230
14312	51208336	14362	51566761	14412	51926436
14313	51215492	14363	51573942	14413	51933642
14314	51222649	14364	51581124	14414	51940849
14315	51229806	14365	51588306	14415	51948056
14316	51236964	14366	51595489	14416	51955264
14317	51244122	14367	51602672	14417	51962472
14318	51251281	14368	51609856	14418	51969681
14319	51258440	14369	51617040	14419	51976890
14320	51265600	14370	51624225	14420	51984100
14321	51272760	14371	51631410	14421	51991310
14322	51279921	14372	51638596	14422	51998521
14323	51287182	14373	51645782	14423	52005732
14324	51294244	14374	51652969	14424	52012944
14325	51301406	14375	51660156	14425	52020156
14326	51308569	14376	51667344	14426	52027369
14327	51315732	14377	51674532	14427	52034582
14328	51322896	14378	51681721	14428	52041796
14329	51330060	14379	51688910	14429	52049010
14330	51337225	14380	51696100	14430	52056225
14331	51344390	14381	51703290	14431	52063440
14332	51351556	14382	51710481	14432	52070656
14333	51358722	14383	51717672	14433	52077872
14334	51365886	14384	51724864	14434	52085089
14335	51373056	14385	51732056	14435	52092306
14336	51380224	14386	51739249	14436	52099524
14337	51387392	14387	51746442	14437	52106742
14338	51394561	14388	51753636	14438	52113961
14339	51401730	14389	51760830	14439	52121180
14340	51408900	14390	51768025	14440	52128400
14341	51416070	14391	51775220	14441	52135620
14342	51423241	14392	51782416	14442	52142841
14343	51430412	14393	51789612	14443	52150062
14344	51437584	14394	51796809	14444	52157284
14345	51444756	14395	51804006	14445	52164506
14346	51451929	14396	51811204	14446	52171729
14347	51459102	14397	51818402	14447	52178952
14348	51466276	14398	51825601	14448	52186176
14349	51473450	14399	51832800	14449	52193400
14350	51480625	14400	51840000	14450	52200625

14451	52207850	14501	52569750	14551	52932900
14452	52215076	14502	52577001	14552	52940176
14453	52222302	14503	52584252	14553	52947452
14454	52229429	14504	52591504	14554	52954729
14455	52236756	14505	52598756	14555	52962006
14456	52243984	14506	52606009	14556	52969284
14457	52251212	14507	52613262	14557	52976562
14458	52258441	14508	52620516	14558	52983841
14459	52265670	14509	52627770	14559	52991120
14460	52272900	14510	52635025	14560	52998400
14461	52280130	14511	52642280	14561	53005680
14462	52287361	14512	52649536	14562	53012961
14463	52294592	14513	52656792	14563	53020242
14464	52301824	14514	52664049	14564	53027524
14465	52309056	14515	52671306	14565	53034806
14466	52316289	14516	52678564	14566	53042089
14467	52323522	14517	52685822	14567	53049372
14468	52330756	14518	52693081	14568	53056656
14469	52337990	14519	52700340	14569	53063940
14470	52345225	14520	52707600	14570	53071225
14471	52352460	14521	52714860	14571	53078510
14472	52359696	14522	52722121	14572	53085796
14473	52366932	14523	52729382	14573	53093082
14474	52374169	14524	52736644	14574	53100369
14475	52381406	14525	52743906	14575	53107656
14476	52388644	14526	52751169	14576	53114944
14477	52395882	14527	52758432	14577	53122232
14478	52403121	14528	52765696	14578	53129521
14479	52410360	14529	52772960	14579	53136810
14480	52417600	14530	52780225	14580	53144100
14481	52424840	14531	52787490	14581	53151390
14482	52432081	14532	52794756	14582	53158681
14483	52439322	14533	52802022	14583	53165972
14484	52446564	14534	52809289	14584	53173264
14485	52453806	14535	52816556	14585	53180556
14486	52461049	14536	52823824	14586	53187849
14487	52468292	14537	52831092	14587	53195142
14488	52475536	14538	52838361	14588	53202436
14489	52482780	14539	52845630	14589	53209730
14490	52490025	14540	52852900	14590	53217025
14491	52497270	14541	52860170	14591	53224320
14492	52504516	14542	52867441	14592	53231616
14493	52511762	14543	52874712	14593	53238912
14494	52519009	14544	52881984	14594	53246209
14495	52526256	14545	52889256	14595	53253506
14496	52533504	14546	52896529	14596	53260804
14497	52540752	14547	52903802	14597	53268102
14498	52548001	14548	52911076	14598	53275401
14499	52555250	14549	52918350	14599	53282700
14500	52562500	14550	52925625	14600	53290000

14601	53297300	14651	53662950	14701	54029850
14602	53304601	14652	53670276	14702	54037201
14603	53311902	14653	53677602	14703	54044552
14604	53319204	14654	53684929	14704	54051904
14605	53326506	14655	53692256	14705	54059256
14606	53333809	14656	53699584	14706	54066609
14607	53341112	14657	53706912	14707	54073962
14608	53348416	14658	53714241	14708	54081316
14609	53355720	14659	53721570	14709	54088670
14610	53363025	14660	53728900	14710	54096025
14611	53370330	14661	53736230	14711	54103380
14612	53377636	14662	53743561	14712	54110736
14613	53384942	14663	53750892	14713	54118092
14614	53392249	14664	53758224	14714	54125449
14615	53399556	14665	53765556	14715	54132806
14616	53406864	14666	53772889	14716	54140164
14617	53414172	14667	53780222	14717	54147522
14618	53421481	14668	53787555	14718	54154881
14619	53428790	14669	53794890	14719	54162240
14620	53436100	14670	53802225	14720	54169600
14621	53443410	14671	53809560	14721	54176960
14622	53450721	14672	53816896	14722	54184321
14623	53458032	14673	53824232	14723	54191682
14624	53465344	14674	53831569	14724	54199044
14625	53472656	14675	53838906	14725	54206406
14626	53479969	14676	53846244	14726	54213769
14627	53487282	14677	53853582	14727	54221132
14628	53494596	14678	53860921	14728	54228496
14629	53501910	14679	53868260	14729	54235860
14630	53509225	14680	53875600	14730	54243225
14631	53516540	14681	53882940	14731	54250590
14632	53523856	14682	53890281	14732	54257956
14633	53531172	14683	53897622	14733	54265322
14634	53538489	14684	53904964	14734	54272689
14635	53545806	14685	53912306	14735	54280056
14636	53553124	14686	53919649	14736	54287424
14637	53560442	14687	53926992	14737	54294792
14638	53567761	14688	53934336	14738	54302161
14639	53575080	14689	53941680	14739	54309530
14640	53582400	14690	53949025	14740	54316900
14641	53589720	14691	53956370	14741	54324270
14642	53597041	14692	53963716	14742	54331641
14643	53604362	14693	53971062	14743	54339012
14644	53611684	14694	53978409	14744	54346384
14645	53619006	14695	53985756	14745	54353756
14646	53626329	14696	53993104	14746	54361129
14647	53633652	14697	54000452	14747	54368502
14648	53640976	14698	54007801	14748	54375876
14649	53648300	14699	54015150	14749	54383250
14650	53655625	14700	54022500	14750	54390625

14751	54398000	14801	54767400	14851	55138050
14752	54405376	14802	54774801	14852	55145476
14753	54412752	14803	54782202	14853	55152902
14754	54420129	14804	54789604	14854	55160329
14755	54427506	14805	54797006	14855	55167756
14756	54434884	14806	54804409	14856	55175184
14757	54442262	14807	54811812	14857	55182612
14758	54449641	14808	54819216	14858	55190041
14759	54457020	14809	54826620	14859	55197470
14760	54464400	14810	54834025	14860	55204900
14761	54471780	14811	54841430	14861	55212330
14762	54479161	14812	54848836	14862	55219761
14763	54486542	14813	54856242	14863	55227192
14764	54493924	14814	54863649	14864	55234624
14765	54501306	14815	54871056	14865	55242056
14766	54508689	14816	54878464	14866	55249489
14767	54516072	14817	54885872	14867	55256922
14768	54523456	14818	54893281	14868	55264356
14769	54530840	14819	54900690	14869	55271790
14770	54538225	14820	54908100	14870	55279225
14771	54545610	14821	54915510	14871	55286660
14772	54552996	14822	54922921	14872	55294096
14773	54560382	14823	54930332	14873	55301532
14774	54567769	14824	54937744	14874	55308969
14775	54575156	14825	54945156	14875	55316406
14776	54582544	14826	54952569	14876	55323844
14777	54589932	14827	54959982	14877	55331282
14778	54597321	14828	54967396	14878	55338721
14779	54604710	14829	54974810	14879	55346160
14780	54612100	14830	54982225	14880	55353600
14781	54619490	14831	54989640	14881	55361040
14782	54626881	14832	54997056	14882	55368481
14783	54634272	14833	55004472	14883	55375922
14784	54641664	14834	55011889	14884	55383364
14785	54649056	14835	55019306	14885	55390806
14786	54656449	14836	55026724	14886	55398249
14787	54663842	14837	55034142	14887	55405692
14788	54671236	14838	55041561	14888	55413136
14789	54678630	14839	55048980	14889	55420580
14790	54686025	14840	55056400	14890	55428025
14791	54693420	14841	55065820	14891	55435470
14792	54700816	14842	55071241	14892	55442916
14793	54708212	14843	55078662	14893	55450362
14794	54715609	14844	55086084	14894	55457809
14795	54723006	14845	55093506	14895	55465256
14796	54730404	14846	55100929	14896	55472704
14797	54737802	14847	55108352	14897	55480152
14798	54745201	14848	55115776	14898	55487601
14799	54752600	14849	55123200	14899	55495050
14800	54760000	14850	55130625	14900	55502500

14901	55509950	14951	55883100	15001	56257500
14902	55517401	14952	55890576	15002	56265001
14903	55524852	14953	55898052	15003	56272502
14904	55532304	14954	55905529	15004	56280004
14905	55539756	14955	55913006	15005	56287506
14906	55547209	14956	55920484	15006	56295009
14907	55554662	14957	55927962	15007	56302512
14908	55562116	14958	55935441	15008	56310016
14909	55569570	14959	55942920	15009	56317520
14910	55577025	14960	55950400	15010	56325025
14911	55584480	14961	55957880	15011	56332530
14912	55591936	14962	55965361	15012	56340036
14913	55599392	14963	55972842	15013	56347542
14914	55606849	14964	55980324	15014	56355049
14915	55614306	14965	55987806	15015	56362556
14916	55621764	14966	55995289	15016	56370064
14917	55629222	14967	56002772	15017	56377572
14918	55636681	14968	56010256	15018	56385081
14919	55644140	14969	56017740	15019	56392590
14920	55651600	14970	56025225	15020	56400100
14921	55659060	14971	56032710	15021	56407610
14922	55666521	14972	56040196	15022	56415121
14923	55673982	14973	56047682	15023	56422632
14924	55681444	14974	56055169	15024	56430144
14925	55688906	14975	56062656	15025	56437656
14926	55696369	14976	56070144	15026	56445169
14927	55703832	14977	56077632	15027	56452682
14928	55711296	14978	56085121	15028	56460196
14929	55718760	14979	56092610	15029	56467710
14930	55726225	14980	56100100	15030	56475225
14931	55733690	14981	56107590	15031	56482740
14932	55741156	14982	56115081	15032	56490256
14933	55748622	14983	56122572	15033	56497772
14934	55756089	14984	56130064	15034	56505289
14935	55763556	14985	56137556	15035	56512806
14936	55771024	14986	56145049	15036	56520324
14937	55778492	14987	56152542	15037	56527842
14938	55785961	14988	56160036	15038	56535361
14939	55793430	14989	56167530	15039	56542880
14940	55800900	14990	56175025	15040	56550400
14941	55808370	14991	56182520	15041	56557920
14942	55815841	14992	56190016	15042	56565441
14943	55823312	14993	56197512	15043	56572962
14944	55830784	14994	56205009	15044	56580484
14945	55838256	14995	56212506	15045	56588006
14946	55845729	14996	56220004	15046	56595529
14947	55853202	14997	56227502	15047	56603052
14948	55860676	14998	56235001	15048	56610576
14949	55868150	14999	56242500	15049	56618100
14950	55875625	15000	56250000	15050	56625625

15051	56633150	15101	57010050	15151	57588200
15052	56640676	15102	57017601	15152	57595776
15053	56648202	15103	57025152	15153	57403352
15054	56655729	15104	57032704	15154	57410929
15055	56663256	15105	57040256	15155	57418506
15056	56670784	15106	57047809	15156	57426084
15057	56678312	15107	57055362	15157	57433662
15058	56685841	15108	57062916	15158	57441241
15059	56693370	15109	57070470	15159	57448820
15060	56700900	15110	57078025	15160	57456400
15061	56708430	15111	57085580	15161	57463980
15062	56715961	15112	57093136	15162	57471561
15063	56723492	15113	57100692	15163	57479142
15064	56731024	15114	57108249	15164	57486724
15065	56738556	15115	57115806	15165	57494306
15066	56746089	15116	57123364	15166	57501889
15067	56753622	15117	57130922	15167	57509472
15068	56761156	15118	57138481	15168	57517056
15069	56768690	15119	57146040	15169	57524640
15070	56776225	15120	57153600	15170	57532225
15071	56783760	15121	57161160	15171	57539810
15072	56791296	15122	57168721	15172	57547396
15073	56798832	15123	57176282	15173	57554982
15074	56806369	15124	57183644	15174	57562569
15075	56813906	15125	57191406	15175	57570156
15076	56821444	15126	57198969	15176	57577744
15077	56828982	15127	57206532	15177	57585332
15078	56836521	15128	57214096	15178	57592921
15079	56844060	15129	57221660	15179	57600510
15080	56851600	15130	57229225	15180	57608100
15081	56859140	15131	57236790	15181	57615690
15082	56866681	15132	57244356	15182	57623281
15083	56874222	15133	57251922	15183	57630872
15084	56881764	15134	57259489	15184	57638464
15085	56889306	15135	57267056	15185	57646056
15086	56896849	15136	57274624	15186	57653649
15087	56904392	15137	57282192	15187	57661242
15088	56911936	15138	57289761	15188	57668836
15089	56919480	15139	57297330	15189	57676430
15090	56927025	15140	57304900	15190	57684025
15091	56934570	15141	57312470	15191	57691620
15092	56942116	15142	57320041	15192	57699216
15093	56949662	15143	57327612	15193	57706812
15094	56957209	15144	57335184	15194	57714409
15095	56964756	15145	57342756	15195	57722006
15096	56972304	15146	57350329	15196	57729604
15097	56979852	15147	57357902	15197	57737202
15098	56987401	15148	57365476	15198	57744801
15099	56994950	15149	57373050	15199	57752400
15100	57002500	15150	57380625	15200	57760000

15201	57767600	15251	58148250	15301	58530150
15202	57775201	15252	58155876	15302	58537801
15203	57782802	15253	58163502	15303	58545452
15204	57790404	15254	58171129	15304	58553104
15205	57798006	15255	58178756	15305	58560756
15206	57805609	15256	58186384	15306	58568409
15207	57813212	15257	58194012	15307	58576062
15208	57820816	15258	58201641	15308	58583716
15209	57828420	15259	58209270	15309	58591370
15210	57836025	15260	58216900	15310	58599025
15211	57843630	15261	58224530	15311	58606680
15212	57851236	15262	58232161	15312	58614336
15213	57858842	15263	58239792	15313	58621992
15214	57866449	15264	58247424	15314	58629649
15215	57874056	15265	58255056	15315	58637306
15216	57881664	15266	58262689	15316	58644964
15217	57889272	15267	58270322	15317	58652622
15218	57896881	15268	58277956	15318	58660281
15219	57904490	15269	58285590	15319	58667940
15220	57912100	15270	58293225	15320	58675600
15221	57919710	15271	58300860	15321	58683260
15222	57927321	15272	58308496	15322	58690921
15223	57934932	15273	58316132	15323	58698582
15224	57942544	15274	58323769	15324	58706244
15225	57950156	15275	58331406	15325	58713906
15226	57957769	15276	58339044	15326	58721569
15227	57965382	15277	58346682	15327	58729232
15228	57972996	15278	58354321	15328	58736896
15229	57980610	15279	58361960	15329	58744560
15230	57988225	15280	58369600	15330	58752225
15231	57995840	15281	58377240	15331	58759890
15232	58003456	15282	58384881	15332	58767556
15233	58011072	15283	58392522	15333	58775222
15234	58018689	15284	58400164	15334	58782889
15235	58026306	15285	58407806	15335	58790556
15236	58033924	15286	58415449	15336	58798224
15237	58041542	15287	58423092	15337	58805892
15238	58049161	15288	58430736	15338	58813561
15239	58056780	15289	58438380	15339	58821230
15240	58064400	15290	58446025	15340	58828900
15241	58072020	15291	58453670	15341	58836570
15242	58079641	15292	58461316	15342	58844241
15243	58087262	15293	58468962	15343	58851912
15244	58094884	15294	58476609	15344	58859584
15245	58102506	15295	58484256	15345	58867256
15246	58110129	15296	58491904	15346	58874929
15247	58117752	15297	58499552	15347	58882602
15248	58125376	15298	58507201	15348	58890276
15249	58133000	15299	58514850	15349	58897950
15250	58140625	15300	58522500	15350	58905625

15351	58913300	15401	59297700	15451	59683350
15352	58920976	15402	59305401	15452	59691076
15353	58928652	15403	59313102	15453	59698802
15354	58936329	15404	59320804	15454	59706529
15355	58944006	15405	59328506	15455	59714256
15356	58951684	15406	59336209	15456	59721984
15357	58959362	15407	59343912	15457	59729712
15358	58967041	15408	59351616	15458	59737441
15359	58974720	15409	59359320	15459	59745170
15360	58982400	15410	59367025	15460	59752900
15361	58990080	15411	59374730	15461	59760630
15362	58997761	15412	59382436	15462	59768361
15363	59005442	15413	59390142	15463	59776092
15364	59013124	15414	59397849	15464	59783824
15365	59020806	15415	59405556	15465	59791556
15366	59028489	15416	59413264	15466	59799289
15367	59036172	15417	59420972	15467	59807022
15368	59043856	15418	59428681	15468	59814756
15369	59051540	15419	59436390	15469	59822490
15370	59059225	15420	59444100	15470	59830225
15371	59066910	15421	59451810	15471	59837960
15372	59074596	15422	59459521	15472	59845696
15373	59082282	15423	59467232	15473	59853432
15374	59089969	15424	59474944	15474	59861169
15375	59097656	15425	59482656	15475	59868906
15376	59105344	15426	59490369	15476	59876644
15377	59113032	15427	59498082	15477	59884382
15378	59120721	15428	59505796	15478	59892121
15379	59128410	15429	59513510	15479	59899860
15380	59136100	15430	59521225	15480	59907600
15381	59143790	15431	59528940	15481	59915540
15382	59151481	15432	59536656	15482	59923081
15383	59159172	15433	59544372	15483	59930822
15384	59166864	15434	59552089	15484	59938564
15385	59174556	15435	59559806	15485	59946306
15386	59182249	15436	59567524	15486	59954049
15387	59189942	15437	59575242	15487	59961792
15388	59197636	15438	59582961	15488	59969556
15389	59205330	15439	59590680	15489	59977280
15390	59213025	15440	59598400	15490	59985025
15391	59220720	15441	59606120	15491	59992770
15392	59228416	15442	59613841	15492	60000516
15393	59236112	15443	59621562	15493	60008262
15394	59243809	15444	59629284	15494	60016009
15395	59251506	15445	59637006	15495	60023756
15396	59259204	15446	59644729	15496	60031504
15397	59266902	15447	59652452	15497	60039252
15398	59274601	15448	59660176	15498	60047001
15399	59282500	15449	59667900	15499	60054750
15400	59290000	15450	59675625	15500	60062500

15501	60070250	15551	60458400	15601	60847800
15502	60078001	15552	60466176	15602	60855601
15503	60085752	15553	60473952	15603	60863402
15504	60093504	15554	60481729	15604	60871204
15505	60101256	15555	60489506	15605	60879006
15506	60109009	15556	60497284	15606	60886809
15507	60116762	15557	60505062	15607	60894612
15508	60124516	15558	60512841	15608	60902416
15509	60132270	15559	60520620	15609	60910220
15510	60140025	15560	60528400	15610	60918025
15511	60147780	15561	60536180	15611	60925830
15512	60155536	15562	60543961	15612	60933636
15513	60163292	15563	60551742	15613	60941442
15514	60171049	15564	60559524	15614	60949249
15515	60178806	15565	60567306	15615	60957056
15516	60186564	15566	60575089	15616	60964864
15517	60194322	15567	60582872	15617	60972672
15518	60202081	15568	60590656	15618	60980481
15519	60209840	15569	60598440	15619	60988290
15520	60217600	15570	60606225	15620	60996100
15521	60225360	15571	60614010	15621	61003910
15522	60233121	15572	60621796	15622	61011721
15523	60240882	15573	60629582	15623	61019532
15524	60248644	15574	60637369	15624	61027344
15525	60256406	15575	60645156	15625	61035156
15526	60264169	15576	60652944	15626	61042969
15527	60271932	15577	60660732	15627	61050782
15528	60279696	15578	60668521	15628	61058596
15529	60287460	15579	60676310	15629	61066410
15530	60295225	15580	60684100	15630	61074225
15531	60302990	15581	60691890	15631	61082040
15532	60310756	15582	60699681	15632	61089856
15533	60318522	15583	60707472	15633	61097672
15534	60326289	15584	60715264	15634	61105489
15535	60334056	15585	60723056	15635	61113306
15536	60341824	15586	60730849	15636	61121124
15537	60349592	15587	60738642	15637	61128942
15538	60357361	15588	60746436	15638	61136761
15539	60365130	15589	60754230	15639	61144580
15540	60372900	15590	60762025	15640	61152400
15541	60380670	15591	60769820	15641	61160220
15542	60388441	15592	60777616	15642	61168041
15543	60396212	15593	60785412	15643	61175862
15544	60403984	15594	60793209	15644	61183684
15545	60411756	15595	60801006	15645	61191506
15546	60419529	15596	60808804	15646	61199329
15547	60427302	15597	60816602	15647	61207152
15548	60435076	15598	60824401	15648	61214976
15549	60442850	15599	60832200	15649	61222800
15550	60450625	15600	60840000	15650	61230625

15651	61238450	15701	61630350	15751	62023500
15652	61246276	15702	61638201	15752	62031376
15653	61254102	15703	61646052	15753	62039252
15654	61261929	15704	61653904	15754	62047129
15655	61269756	15705	61661756	15755	62055006
15656	61277584	15706	61669609	15756	62062884
15657	61285412	15707	61677462	15757	62070762
15658	61293241	15708	61685316	15758	62078641
15659	61301070	15709	61693170	15759	62086520
15660	61308900	15710	61701025	15760	62094400
15661	61316730	15711	61708880	15761	62102280
15662	61324561	15712	61716736	15762	62110161
15663	61332392	15713	61724592	15763	62118042
15664	61340224	15714	61732449	15764	62125924
15665	61348056	15715	61740306	15765	62133806
15666	61355889	15716	61748164	15766	62141689
15667	61363722	15717	61756022	15767	62149572
15668	61371556	15718	61763881	15768	62157456
15669	61379390	15719	61771740	15769	62165340
15670	61387225	15720	61779600	15770	62173225
15671	61395060	15721	61787460	15771	62181110
15672	61402896	15722	61795321	15772	62188996
15673	61410732	15723	61803182	15773	62196882
15674	61418569	15724	61811044	15774	62204769
15675	61426406	15725	61818906	15775	62212656
15676	61434244	15726	61826769	15776	62220544
15677	61442082	15727	61834632	15777	62228432
15678	61449921	15728	61842496	15778	62236321
15679	61457760	15729	61850360	15779	62244210
15680	61465600	15730	61858225	15780	62252100
15681	61473440	15731	61866090	15781	62259990
15682	61481281	15732	61873956	15782	62267881
15683	61489122	15733	61881822	15783	62275772
15684	61496964	15734	61889689	15784	62283664
15685	61504806	15735	61897556	15785	62291556
15686	61512649	15736	61905424	15786	62299449
15687	61520492	15737	61913292	15787	62307342
15688	61528336	15738	61921161	15788	62315236
15689	61536180	15739	61929030	15789	62323130
15690	61544025	15740	61936900	15790	62331025
15691	61551870	15741	61944770	15791	62338920
15692	61559716	15742	61952641	15792	62346816
15693	61567562	15743	61960512	15793	62354712
15694	61575409	15744	61968384	15794	62362609
15695	61583256	15745	61976256	15795	62370506
15696	61591104	15746	61984129	15796	62378404
15697	61598952	15747	61992002	15797	62386302
15698	61606801	15748	61999876	15798	62394201
15699	61614650	15749	62007750	15799	62402100
15700	61622500	15750	62015625	15800	62410000

15801	62417900	15851	62813550	15901	63210450
15802	62425801	15852	62821476	15902	63218401
15803	62433702	15853	62829402	15903	63226352
15804	62441604	15854	62837329	15904	63234304
15805	62449506	15855	62845256	15905	63242256
15806	62457409	15856	62853184	15906	63250209
15807	62465312	15857	62861112	15907	63258162
15808	62473216	15858	62869041	15908	63266116
15809	62481120	15859	62876970	15909	63274070
15810	62489025	15860	62884900	15910	63282025
15811	62496930	15861	62892830	15911	63289980
15812	62504836	15862	62900761	15912	63297936
15813	62512742	15863	62908692	15913	63305892
15814	62520649	15864	62916624	15914	63313849
15815	62528556	15865	62924556	15915	63321806
15816	62536464	15866	62932489	15916	63329764
15817	62544372	15867	62940422	15917	63337722
15818	62552281	15868	62948356	15918	63345681
15819	62560190	15869	62956290	15919	63353640
15820	62568100	15870	62964225	15920	63361600
15821	62576010	15871	62972160	15921	63369560
15822	62583921	15872	62980096	15922	63377521
15823	62591832	15873	62988032	15923	63385482
15824	62599744	15874	62995969	15924	63393444
15825	62607656	15875	63005906	15925	63401406
15826	62615569	15876	63011844	15926	63409369
15827	62623482	15877	63019782	15927	63417332
15828	62631396	15878	63027721	15928	63425296
15829	62639310	15879	63035660	15929	63433260
15830	62647225	15880	63043600	15930	63441225
15831	62655140	15881	63051540	15931	63449190
15832	62663056	15882	63059481	15932	63457156
15833	62670972	15883	63067422	15933	63465122
15834	62678889	15884	63075364	15934	63473089
15835	62686806	15885	63083306	15935	63481056
15836	62694724	15886	63091249	15936	63489024
15837	62702642	15887	63099192	15937	63496992
15838	62710561	15888	63107136	15938	63504961
15839	62718480	15889	63115080	15939	63512930
15840	62726400	15890	63123025	15940	63520900
15841	62734320	15891	63130970	15941	63528870
15842	62742241	15892	63138916	15942	63536841
15843	62750162	15893	63146862	15943	63544812
15844	62758084	15894	63154809	15944	63552784
15845	62766006	15895	63162756	15945	63560756
15846	62773929	15896	63170704	15946	63568729
15847	62781852	15897	63178652	15947	63576702
15848	62789776	15898	63186601	15948	63584676
15849	62797700	15899	63194550	15949	63592650
15850	62805625	15900	63202500	15950	63600625

15951	63608600	16001	64008000	16051	64408650
15952	63616576	16002	64016001	16052	64416676
15953	63624552	16003	64024002	16053	64424702
15954	63632529	16004	64032004	16054	64432729
15955	63640506	16005	64040006	16055	64440756
15956	63648484	16006	64048009	16056	64448784
15957	63656462	16007	64056012	16057	64456812
15958	63664441	16008	64064016	16058	64464841
15959	63672420	16009	64072020	16059	64472870
15960	63680400	16010	64080025	16060	64480900
15961	63688380	16011	64088030	16061	64488930
15962	63696361	16012	64096036	16062	64496961
15963	63704342	16013	64104042	16063	64504992
15964	63712324	16014	64112049	16064	64513024
15965	63720306	16015	64120056	16065	64521056
15966	63728289	16016	64128064	16066	64529089
15967	63736272	16017	64136072	16067	64537122
15968	63744256	16018	64144081	16068	64545156
15969	63752240	16019	64152090	16069	64553190
15970	63760225	16020	64160100	16070	64561225
15971	63768210	16021	64168110	16071	64569260
15972	63776196	16022	64176121	16072	64577296
15973	63784182	16023	64184132	16073	64585332
15974	63792169	16024	64192144	16074	64593369
15975	63800156	16025	64200156	16075	64601406
15976	63808144	16026	64208169	16076	64609444
15977	63816132	16027	64216182	16077	64617482
15978	63824121	16028	64224196	16078	64625521
15979	63832110	16029	64232210	16079	64633560
15980	63840100	16030	64240225	16080	64641600
15981	63848090	16031	64248240	16081	64649640
15982	63856081	16032	64256256	16082	64657681
15983	63864072	16033	64264272	16083	64665722
15984	63872064	16034	64272289	16084	64673764
15985	63880056	16035	64280306	16085	64681806
15986	63888049	16036	64288324	16086	64689849
15987	63896042	16037	64296342	16087	64697892
15988	63904036	16038	64304361	16088	64705936
15989	63912030	16039	64312380	16089	64713980
15990	63920025	16040	64320400	16090	64722025
15991	63928020	16041	64328420	16091	64730070
15992	63936016	16042	64336441	16092	64738116
15993	63944012	16043	64344462	16093	64746162
15994	63952009	16044	64352484	16094	64754209
15995	63960006	16045	64360506	16095	94762256
15996	63968004	16046	64368529	16096	64770304
15997	63976002	16047	64376552	16097	64778352
15998	63984001	16048	64384576	16098	64786401
15999	63992000	16049	64392600	16099	64794450
16000	64000000	16050	64400625	16100	64802500

16101	64810550	16151	65213700	16201	65618100
16102	64818601	16152	65221776	16202	65626201
16103	64826652	16153	65229852	16203	65634302
16104	64834704	16154	65237929	16204	65642404
16105	64842756	16155	65246006	16205	65650506
16106	64850809	16156	65254084	16206	65658609
16107	64858862	16157	65262162	16207	65666712
16108	64866916	16158	65270241	16208	65674816
16109	64874970	16159	65278320	16209	65682920
16110	64883025	16160	65286400	16210	65691025
16111	64891080	16161	65294480	16211	65699130
16112	64899136	16162	65302561	16212	65707236
16113	64907192	16163	65310642	16213	65715342
16114	64915249	16164	65318724	16214	65723449
16115	64923306	16165	65326806	16215	65731556
16116	64931364	16166	65334889	16216	65739664
16117	64939422	16167	65342972	16217	65747772
16118	64947481	16168	65351056	16218	65755881
16119	64955540	16169	65359140	16219	65763990
16120	64963600	16170	65367225	16220	65772100
16121	64971660	16171	65375310	16221	65780210
16122	64979721	16172	65383396	16222	65788321
16123	64987782	16173	65391482	16223	65796432
16124	64995844	16174	65399569	16224	65804544
16125	65003906	16175	65407656	16225	65812656
16126	65011969	16176	65415744	16226	65820769
16127	65020032	16177	65423832	16227	65828882
16128	65028096	16178	65431921	16228	65836996
16129	65036160	16179	65440010	16229	65845110
16130	65044225	16180	65448100	16230	65853225
16131	65052290	16181	65456190	16231	65861340
16132	65060356	16182	65464281	16232	65869456
16133	65068422	16183	65472372	16233	65877572
16134	65076489	16184	65480464	16234	65885689
16135	65084556	16185	65488556	16235	65893806
16136	65092624	16186	65496649	16236	65901924
16137	65100692	16187	65504742	16237	65910042
16138	65108761	16188	65512836	16238	65918161
16139	65116830	16189	65520930	16239	65926280
16140	65124900	16190	65529025	16240	65934400
16141	65132970	16191	65537120	16241	65942520
16142	65141041	16192	65545216	16242	65950641
16143	65149112	16193	65553312	16243	65958762
16144	65157184	16194	65561409	16244	65966884
16145	65165256	16195	65569506	16245	65975006
16146	65173329	16196	65577604	16246	65983129
16147	65181402	16197	65585702	16247	65991252
16148	65189476	16198	65593801	16248	65999376
16149	65197550	16199	65601900	16249	66007500
16150	65205625	16200	65610000	16250	66015625

16251	66023750	16301	66430650	16351	66838800
16252	66031876	16302	66438801	16352	66846976
16253	66040002	16303	66446952	16353	66855152
16254	66048129	16304	66455104	16354	66863329
16255	66056256	16305	66463256	16355	66871506
16256	66064384	16306	66471409	16356	66879684
16257	66072512	16307	66479562	16357	66887862
16258	66080641	16308	66487716	16358	66896041
16259	66088770	16309	66495870	16359	66904220
16260	66096900	16310	66504025	16360	66912400
16261	66105030	16311	66512180	16361	66920580
16262	66113161	16312	66520336	16362	66928761
16263	66121292	16313	66528492	16363	66936942
16264	66129424	16314	66536649	16364	66945124
16265	66137556	16315	66544806	16365	66953306
16266	66145689	16316	66552964	16366	66961489
16267	66153822	16317	66561122	16367	66969672
16268	66161956	16318	66569281	16368	66977856
16269	66170090	16319	66577440	16369	66986040
16270	66178225	16320	66585600	16370	66994225
16271	66186360	16321	66593760	16371	67002410
16272	66194496	16322	66601921	16372	67010596
16273	66202632	16323	66610082	16373	67018782
16274	66210769	16324	66618244	16374	67026969
16275	66218906	16325	66626406	16375	67035156
16276	66227044	16326	66634569	16376	67043344
16277	66235182	16327	66642732	16377	67051532
16278	66243321	16328	66650896	16378	67059721
16279	66251460	16329	66659060	16379	67067910
16280	66259600	16330	66667225	16380	67076100
16281	66267740	16331	66675390	16381	67084290
16282	66275881	16332	66683556	16382	67092481
16283	66284022	16333	66691722	16383	67100672
16284	66292164	16334	66699889	16384	67108864
16285	66300306	16335	66708056	16385	67117056
16286	66308449	16336	66716224	16386	67125249
16287	66316592	16337	66724392	16387	67133442
16288	66324736	16338	66732561	16388	67141656
16289	66332880	16339	66740730	16389	67149856
16290	66341025	16340	66748900	16390	67158025
16291	66349170	16341	66757070	16391	67166220
16292	66357316	16342	66765241	16392	67174416
16293	66365462	16343	66773412	16393	67182612
16294	66373609	16344	66781584	16394	67190809
16295	66381756	16345	66789756	16395	67199006
16296	66389904	16346	66797929	16396	67207204
16297	66398052	16347	66806102	16397	67215402
16298	66406201	16348	66814276	16398	67223601
16299	66414350	16349	66822450	16399	67231800
16300	66422500	16350	66830625	16400	67240000

16401	67248200	16451	67658850	16501	68070750
16402	67256401	16452	67667076	16502	68079001
16403	67264602	16453	67675302	16503	68087252
16404	67272804	16454	67683529	16504	68095504
16405	67281006	16455	67691756	16505	68103756
16406	67289209	16456	67699984	16506	68112009
16407	67297412	16457	67708212	16507	68120262
16408	67305616	16458	67716441	16508	68128516
16409	67313820	16459	67724670	16509	68136770
16410	67322025	16460	67732900	16510	68145025
16411	67330230	16461	67741130	16511	68153280
16412	67338436	16462	67749361	16512	68161536
16413	67346642	16463	67757592	16513	68169792
16414	67354849	16464	67765824	16514	68178049
16415	67363056	16465	67774056	16515	68186306
16416	67371264	16466	67782289	16516	68194564
16417	67379472	16467	67790522	16517	68202822
16418	67387681	16468	67798756	16518	68211081
16419	67395890	16469	67806990	16519	68219340
16420	67404100	16470	67815225	16520	68227600
16421	67412310	16471	67823460	16521	68235860
16422	67420521	16472	67831696	16522	68244121
16423	67428732	16473	67839932	16523	68252382
16424	67436944	16474	67848169	16524	68260644
16425	67445156	16475	67856406	16525	68268906
16426	67453369	16476	67864644	16526	68277169
16427	67461582	16477	67872882	16527	68285432
16428	67469796	16478	67881121	16528	68293696
16429	67478010	16479	67889360	16529	68301960
16430	67486225	16480	67897600	16530	68310225
16431	67494440	16481	67905840	16531	68318490
16432	67502656	16482	67914081	16532	68326756
16433	67510872	16483	67922322	16533	68335022
16434	67519089	16484	67930564	16534	68343289
16435	67527306	16485	67938806	16535	68351556
16436	67535524	16486	67947049	16536	68359824
16437	67543742	16487	67955292	16537	68368092
16438	67551961	16488	67963536	16538	68376361
16439	67560180	16489	67971780	16539	68384630
16440	67568400	16490	67980025	16540	68392900
16441	67576620	16491	67988270	16541	68401170
16442	67584841	16492	67996516	16542	68409441
16443	67593062	16493	68004762	16543	68417712
16444	67601284	16494	68013009	16544	68425984
16445	67609506	16495	68021256	16545	68434256
16446	67617729	16496	68029504	16546	68442529
16447	67625952	16497	68037752	16547	68450802
16448	67634176	16498	68046001	16548	68459076
16449	67642400	16499	68054250	16549	68467350
16450	67650625	16500	68062500	16550	68475625

16551	68483900	16601	68898300	16651	69313950
16552	68492176	16602	68906601	16652	69322276
16553	68500452	16603	68914902	16653	69330602
16554	68508729	16604	68923204	16654	69338929
16555	68517006	16605	68931506	16655	69347256
16556	68525284	16606	68939809	16656	69355584
16557	68533562	16607	68948112	16657	99363912
16558	68541841	16608	68956416	16658	69372241
16559	68550120	16609	68964720	16659	69380570
16560	68558400	16610	68973025	16660	69388900
16561	68566680	16611	68981330	16661	69397230
16562	68574961	16612	68989636	16662	69405561
16563	68583242	16613	68997942	16663	69413892
16564	68591524	16614	69006249	16664	69422224
16565	68599806	16615	69014556	16665	69430556
16566	68608089	16616	69022864	16666	69438889
16567	68616372	16617	69031172	16667	69447222
16568	68624656	16618	69039481	16668	69455556
16569	68632940	16619	69047790	16669	69463890
16570	68641225	16620	69056100	16670	69472225
16571	68649510	16621	69064410	16671	69480560
16572	68657796	16622	69072721	16672	69488896
16573	68666082	16623	69081032	16673	69497232
16574	68674369	16624	69089344	16674	69505569
16575	68682656	16625	69097656	16675	69513906
16576	68690944	16626	69105969	16676	69522244
16577	68699232	16627	69114282	16677	69530582
16578	68707521	16628	69122596	16678	69538921
16579	68715810	16629	69130910	16679	69547260
16580	68724100	16630	69139225	16680	69555600
16581	68732390	16631	69147540	16681	69563940
16582	68740681	16632	69155856	16682	69572281
16583	68748972	16633	69164172	16683	69580622
16584	68757264	16634	69172489	16584	69588964
16585	68765556	16635	69180806	16685	69597306
16586	68773849	16636	69189124	16686	69605649
16587	68782142	16637	69197442	16687	69613992
16588	68790436	16638	69205761	16688	69622336
16589	68798730	16639	69214080	16689	69630680
16590	68807025	16640	69222400	16690	69639025
16591	68815320	16641	69230720	16691	69647370
16592	68823616	16642	69239041	16692	69655716
16593	68831912	16643	69247362	16693	69664062
16594	68840209	16644	69255684	16694	69672409
16595	68848506	16645	69264006	16695	69680756
16596	68856804	16646	69272329	16696	69689104
16597	68865102	16647	69280652	16697	69697452
16598	68873401	16648	69288976	16698	69705801
16599	68881700	16649	69297300	16699	69714150
16600	68890000	16650	69305625	16700	69722500

16701	69730850	16751	70149000	16801	70568400
16702	69739201	16752	70157376	16802	70576801
16703	69747552	16753	70165752	16803	70585202
16704	69755904	16754	70174129	16804	70593604
16705	69764256	16755	70182506	16805	70602006
16706	69772609	16756	70190884	16806	70610409
16707	69780962	16757	70199262	16807	70618812
16708	69789316	16758	70207641	16808	70627216
16709	69797670	16759	70216020	16809	70635620
16710	69806025	16760	70224400	16810	70644025
16711	69814380	16761	70232780	16811	70652430
16712	69822736	16762	70241161	16812	70660836
16713	69831092	16763	70249542	16813	70669242
16714	69839449	16764	70257924	16814	70677649
16715	69847806	16765	70266306	16815	70686056
16716	69856164	16766	70274689	16816	70694464
16717	69864522	16767	70283072	16817	70702872
16718	69872881	16768	70291456	16818	70711281
16719	69881240	16769	70299840	16819	70719690
16720	69889600	16770	70308225	16820	70728100
16721	69897960	16771	70316610	16821	70736510
16722	69906321	16772	70324996	16822	70744921
16723	69914682	16773	70333382	16823	70753332
16724	69923044	16774	70341769	16824	70761744
16725	69931406	16775	70350156	16825	70770156
16726	69939769	16776	70358544	16826	70778569
16727	69948132	16777	70366932	16827	70786982
16728	69956496	16778	70375321	16828	70795396
16729	69964860	16779	70383710	16829	70803810
16730	69973225	16780	70392100	16830	70812225
16731	69981590	16781	70400490	16831	70820640
16732	69989956	16782	70408881	16832	70829056
16733	69998322	16783	70417272	16833	70837472
16734	70006689	16784	70425664	16834	70845889
16735	70015056	16785	70434056	16835	70854306
16736	70023424	16786	70442449	16836	70862724
16737	70031792	16787	70450842	16837	70871142
16738	70040161	16788	70459236	16838	70879561
16739	70048530	16789	70467630	16839	70887980
16740	70056900	16790	70476025	16840	70896400
16741	70065270	16791	70484420	16841	70904820
16742	70073641	16792	70492816	16842	70913241
16743	70082012	16793	70501212	16843	70921662
16744	70090384	16794	70509609	16844	70930084
16745	70098756	16795	70518006	16845	70938506
16746	70107129	16796	70526404	16846	70946929
16747	70115502	16797	70534802	16847	70955352
16748	70123876	16798	70543201	16848	70963776
16749	70132250	16799	70551600	16849	70972200
16750	70140625	16800	70560000	16850	70980625

16851	70989050	16901	71410950	16951	71834100
16852	70997476	16902	71419401	16952	71842576
16853	71005902	16903	71427852	16953	71851052
16854	71014329	16904	71436304	16954	71859529
16855	71022756	16905	71444756	16955	71868006
16856	71031184	16906	71453209	16956	71876484
16857	71039612	16907	71461662	16957	71884962
16858	71048041	16908	71470116	16958	71893441
16859	71056470	16909	71478570	16959	71901920
16860	71064900	16910	71487025	16960	71910400
16861	71073330	16911	71495480	16961	71918880
16862	71081761	16912	71503936	16962	71927361
16863	71090192	16913	71512392	16963	71935842
16864	71098624	16914	71520849	16964	71944324
16865	71107056	16915	71529306	16965	71952806
16866	71115489	16916	71537764	16966	71961289
16867	71123922	16917	71546222	16967	71969772
16868	71132356	16918	71554681	16968	71978256
16869	71140790	16919	71563140	16969	71986740
16870	71149225	16920	71571600	16970	71995225
16871	71157660	16921	71580060	16971	72003710
16872	71166096	16922	71588521	16972	72012196
16873	71174532	16923	71596982	16973	72020682
16874	71182969	16924	71605444	16974	72029169
16875	71191406	16925	71613906	16975	72037656
16876	71199844	16926	71622369	16976	72046144
16877	71208282	16927	71630832	16977	72054632
16878	71216721	16928	71639296	16978	72063121
16879	71225160	16929	71647760	16979	72071610
16880	71233600	16930	71656225	16980	72080100
16881	71242040	16931	71664690	16981	72088590
16882	71250481	16932	71673156	16982	72097081
16883	71258922	16933	71681622	16983	72105572
16884	71267364	16934	71690089	16984	72114064
16885	71275806	16935	71698556	16985	72122556
16886	71284249	16936	71707024	16986	72131049
16887	71292692	16937	71715492	16987	72139542
16888	71301136	16938	71723961	16988	72148036
16889	71309580	16939	71732430	16989	72156530
16890	71318025	16940	71740900	16990	72165025
16891	71326470	16941	71749370	16991	72173520
16892	71334916	16942	71757841	16992	72182016
16893	71343362	16943	71766312	16993	72190512
16894	71351809	16944	71774784	16994	72199009
16895	71360256	16945	71783256	16995	72207506
16896	71368704	16946	71791729	16996	72216004
16897	71377152	16947	71800202	16997	72224502
16898	71385601	16948	71808676	16998	72233001
16899	71394050	16949	71817150	16999	72241500
16900	71402500	16950	71825625	17000	72250000

17001	72258500	17051	72684150	17101	73111050
17002	72267001	17052	72692676	17102	73119601
17003	72275502	17053	72701202	17103	73128152
17004	72284004	17054	72709729	17104	73136704
17005	72292506	17055	72718256	17105	73145256
17006	72301009	17056	72726784	17106	73153809
17007	72309512	17057	72735312	17107	73162362
17008	72318016	17058	72743841	17108	73170916
17009	72326520	17059	72752370	17109	73179470
17010	72335025	17060	72760900	17110	73188025
17011	72343530	17061	72769430	17111	73196580
17012	72352036	17062	72777961	17112	73205136
17013	72360542	17063	72786492	17113	73213692
17014	72369049	17064	72795024	17114	73222249
17015	72377556	17065	72803556	17115	75230806
17016	72386064	17066	72812089	17116	73239364
17017	72394572	17067	72820622	17117	73247922
17018	72403081	17068	72829156	17118	73256481
17019	72411590	17069	72837690	17119	73265040
17020	72420100	17070	72846225	17120	73273600
17021	72428610	17071	72854760	17121	73282160
17022	72437121	17072	72863296	17122	73290721
17023	72445632	17073	72871832	17123	73299282
17024	72454144	17074	72880369	17124	73307844
17025	72462656	17075	72888906	17125	73316406
17026	72471169	17076	72897444	17126	73324969
17027	72479682	17077	72905982	17127	73333532
17028	72488196	17078	72914521	17128	73342096
17029	72496710	17079	72923060	17129	73350660
17030	72505225	17080	72931600	17130	73359225
17031	72513740	17081	72940140	17131	73367790
17032	72522256	17082	72948681	17132	73376356
17033	72530772	17083	72957222	17133	73384922
17034	72539289	17084	72965764	17134	73393489
17035	72547806	17085	72974306	17135	73402056
17036	72556324	17086	72982849	17136	73410624
17037	72564842	17087	72991392	17137	73419192
17038	72573361	17088	72999936	17138	73427761
17039	72581880	17089	73008480	17139	73436530
17040	72590400	17090	73017025	17140	73444900
17041	72598920	17091	73025570	17141	73453470
17042	72607441	17092	73034116	17142	73462041
17043	72615962	17093	73042662	17143	73470612
17044	72624484	17094	73051209	17144	73479184
17045	72633006	17095	73059756	17145	73487756
17046	72641529	17096	73068304	17146	73496329
17047	72650052	17097	73076852	17147	73504902
17048	72658576	17098	73085401	17148	73513476
17049	72667100	17099	73093950	17149	73522050
17050	72675625	17100	73102500	17150	73530625

17151	73539200	17201	73968600	17251	74399250
17152	73547776	17202	73977201	17252	74407876
17153	73556552	17203	73985802	17253	74416502
17154	73564929	17204	73994404	17254	74425129
17155	73573506	17205	74003006	17255	74433756
17156	73582084	17206	74011609	17256	74442384
17157	73590662	17207	74020212	17257	74451012
17158	73599241	17208	74028816	17258	74459641
17159	73607820	17209	74037420	17259	74468270
17160	73616400	17210	74046025	17260	74476900
17161	73624980	17211	74054630	17261	74485530
17162	73633561	17212	74063236	17262	74494161
17163	73642142	17213	74071842	17263	74502792
17164	73650724	17214	74080449	17264	74511424
17165	73659306	17215	74089056	17265	74520056
17166	73667889	17216	74097664	17266	74528689
17167	73676472	17217	74106272	17267	74537322
17168	73685056	17218	74114881	17268	74545956
17169	73693640	17219	74123490	17269	74554590
17170	73702225	17220	74132100	17270	74563225
17171	73710810	17221	74140710	17271	74571860
17172	73719396	17222	74149321	17272	74580496
17173	73727982	17223	74157932	17273	74589132
17174	73736569	17224	74166544	17274	74597769
17175	73745156	17225	74175156	17275	74606406
17176	73753744	17226	74183769	17276	74615044
17177	73762332	17227	74192382	17277	74623682
17178	73770921	17228	74200996	17278	74632321
17179	73779510	17229	74209610	17279	74640960
17180	73788100	17230	74218225	17280	74649600
17181	73796690	17231	74226840	17281	74658240
17182	73805281	17232	74235456	17282	74666881
17183	73813872	17233	74244072	17283	74675522
17184	73822464	17234	74252689	17284	74684164
17185	73831056	17235	74261306	17285	74692806
17186	73839649	17236	74269924	17286	74701449
17187	73848242	17237	74278542	17287	74710092
17188	73856836	17238	74287161	17288	74718736
17189	73865430	17239	74295780	17289	74727380
17190	73874025	17240	74304400	17290	74736025
17191	73882620	17241	74313020	17291	74744670
17192	73891216	17242	74321641	17292	74753316
17193	73899812	17243	74330262	17293	74761962
17194	73908409	17244	74338884	17294	74770609
17195	73917006	17245	74347506	17295	74779256
17196	73925604	17246	74356129	17296	74787904
17197	73934202	17247	74364752	17297	74796552
17198	73942801	17248	74373376	17298	74805201
17199	73951400	17249	74382000	17299	74813850
17200	73960000	17250	74390625	17300	74822500

17301	74831150	17351	75264300	17401	75698700
17302	74839801	17352	75272976	17402	75707401
17303	74848452	17353	75281652	17403	75716102
17304	74857104	17354	75290329	17404	75724804
17305	74865756	17355	75299006	17405	75733506
17306	74874409	17356	75307684	17406	75742209
17307	74883062	17357	75316362	17407	75750912
17308	74891716	17358	75325041	17408	75759616
17309	74900370	17359	75333720	17409	75768320
17310	74909025	17360	75342400	17410	75777025
17311	74917680	17361	75351080	17411	75785730
17312	74926356	17362	75359761	17412	75794436
17313	74934992	17363	75368442	17413	75803142
17314	74943649	17364	75377124	17414	75811849
17315	74952306	17365	75385806	17415	75820556
17316	74960964	17366	75394489	17416	75829264
17317	74969622	17367	75403172	17417	75837972
17318	74978281	17368	75411856	17418	75846681
17319	74986940	17369	75420540	17419	75855390
17320	74995600	17370	75429225	17420	75864100
17321	75004260	17371	75437910	17421	75872810
17322	75012921	17372	75446596	17422	75881521
17323	75021582	17373	75455282	17423	75890232
17324	75030244	17374	75463969	17424	75898944
17325	75038906	17375	75472656	17425	75907656
17326	75047569	17376	75481344	17426	75916369
17327	75056232	17377	75490032	17427	75925082
17328	75064896	17378	75498721	17428	75933796
17329	75073560	17379	75507410	17429	75942510
17330	75082225	17380	75516100	17430	75951225
17331	75090890	17381	75524790	17431	75959940
17332	75099556	17382	75533481	17432	75968656
17333	75108222	17383	75542172	17433	75977372
17334	75116889	17384	75550864	17434	75986089
17335	75125556	17385	75559556	17435	75994806
17336	75134224	17386	75568249	17436	76003524
17337	75142892	17387	75576942	17437	76012242
17338	75151561	17388	75585636	17438	76020961
17339	75160230	17389	75594330	17439	76029680
17340	75168900	17390	75603025	17440	76038400
17341	75177570	17391	75611720	17441	76047120
17342	75186241	17392	75620416	17442	76055841
17343	75194912	17393	75629112	17443	76064562
17344	75203584	17394	75637809	17444	76073284
17345	75212256	17395	75646506	17445	76082006
17346	75220929	17396	75655204	17446	76090729
17347	75229602	17397	75663902	17447	76099452
17348	75238276	17398	75672601	17448	76108176
17349	75246950	17399	75681300	17449	76116900
17350	75255625	17400	75690000	17450	76125625

17451	76134350	17501	76571250	17551	77009400
17452	76143076	17502	76580001	17552	77018176
17453	76151802	17503	76588752	17553	77026952
17454	76160529	17504	76597504	17554	77035729
17455	76169256	17505	76606256	17555	77044506
17456	76177984	17506	76615009	17556	77053284
17457	76186712	17507	76623762	17557	77062062
17458	76195441	17508	76632516	17558	77070841
17459	76204170	17509	76641270	17559	77079620
17460	76212900	17510	76650025	17560	77088400
17461	76221630	17511	76658780	17561	77097180
17462	76230361	17512	76667536	17562	77105961
17463	76239092	17513	76676292	17563	77114742
17464	76247824	17514	76685049	17564	77123524
17465	76256556	17515	76693806	17565	77132306
17466	76265289	17516	76702564	17566	77141089
17467	76274022	17517	76711322	17567	77149872
17468	76282756	17518	76720081	17568	77158656
17469	76291490	17519	76728840	17569	77167440
17470	76300225	17520	76737600	17570	77176225
17471	76308960	17521	76746360	17571	77185010
17472	76317696	17522	76755121	17572	77193796
17473	76326432	17523	76763882	17573	77202582
17474	76335169	17524	76772644	17574	77211369
17475	76343906	17525	76781406	17575	77220156
17476	76352644	17526	76790169	17576	77228944
17477	76361382	17527	76798932	17577	77237732
17478	76370121	17528	76807696	17578	77246521
17479	76378860	17529	76816460	17579	77255310
17480	76387600	17530	76825225	17580	77264100
17481	76396340	17531	76833990	17581	77272890
17482	76405081	17532	76842756	17582	77281681
17483	76413822	17533	76851522	17583	77290472
17484	76422564	17534	76860289	17584	77299264
17485	76431306	17535	76869056	17585	77308056
17486	76440049	17536	76877824	17586	77316849
17487	76448792	17537	76886592	17587	77325642
17488	76457536	17538	76895361	17588	77334456
17489	76466280	17539	76904130	17589	77343230
17490	76475025	17540	76912900	17590	77352025
17491	76483770	17541	76921670	17591	77360820
17492	76492516	17542	76930441	17592	77369616
17493	76501262	17543	76939212	17593	77378412
17494	76510009	17544	76947984	17594	77387209
17495	76518756	17545	76956756	17595	77396006
17496	76527504	17546	76965529	17596	77404804
17497	76536252	17547	76974302	17597	77413602
17498	76545001	17548	76983076	17598	77422401
17499	76553750	17549	76991850	17599	77431200
17500	76562500	17550	77000625	17600	77440000

17601	77448800	17651	77889450	17701	78331350
17602	77457601	17652	77898276	17702	78340201
17603	77466402	17653	77907102	17703	78349052
17604	77475204	17654	77915929	17704	78357904
17605	77484006	17655	77924756	17705	78366756
17606	77492809	17656	77953584	17706	78375609
17607	77501612	17657	77942412	17707	78384462
17608	77510416	17658	77951241	17708	78393316
17609	77519220	17659	77960070	17709	78402170
17610	77528025	17660	77968900	17710	78411025
17611	77536830	17661	77977730	17711	78419880
17612	77545636	17662	77986561	17712	78428736
17613	77554442	17663	77995392	17713	78437592
17614	77563249	17664	78004224	17714	78446449
17615	77572056	17665	78013056	17715	78455306
17616	77580864	17666	78021889	17716	78464164
17617	77589672	17667	78030722	17717	78473022
17618	77598481	17668	78039556	17718	78481881
17619	77607290	17669	78048390	17719	78490740
17620	77616100	17670	78057225	17720	78499600
17621	77624910	17671	78066060	17721	78508460
17622	77633721	17672	78074896	17722	78517321
17623	77642532	17673	78083732	17723	78526182
17624	77651344	17674	78092569	17724	78535044
17625	77660156	17675	78101406	17725	78543906
17626	77668969	17676	78110244	17726	78552769
17627	77677782	17677	78119082	17727	78561632
17628	77686596	17678	78127921	17728	78570496
17629	77695410	17679	78136760	17729	78579360
17630	77704225	17680	78145600	17730	78588225
17631	77713040	17681	78154440	17731	78597090
17632	77721856	17682	78163281	17732	78605956
17633	77730672	17683	78172122	17733	78614822
17634	77739489	17684	78180964	17734	78623689
17635	77748306	17685	78189806	17735	78632556
17636	77757124	17686	78198649	17736	78641424
17637	77765942	17687	78207492	17737	78650292
17638	77774761	17688	78216336	17738	78659161
17639	77783580	17689	78225180	17739	78668030
17640	77792400	17690	78234025	17740	78676900
17641	77801220	17691	78242870	17741	78685770
17642	77810041	17692	78251716	17742	78694641
17643	77818862	17693	78260562	17743	78703512
17644	77827684	17694	78269409	17744	78712384
17645	77836506	17695	78278256	17745	78721256
17646	77845329	17696	78287104	17746	78750129
17647	77854152	17697	78295952	17747	78739002
17648	77862976	17698	78304801	17748	78747876
17649	77871800	17699	78313650	17749	78756750
17650	77880625	17700	78322500	17750	78765625

17751	78774500	17801	79218900	17851	79664550
17752	78783376	17802	79227801	17852	79673476
17753	78792252	17803	79236702	17853	79682402
17754	78801129	17804	79245604	17854	79691329
17755	78810006	17805	79254506	17855	79700256
17756	78818884	17806	79263409	17856	79709184
17757	78827762	17807	79272312	17857	79718112
17758	78836641	17808	79281216	17858	79727041
17759	78845520	17809	79290120	17859	79735970
17760	78854400	17810	79299025	17860	79744900
17761	78863280	17811	79307930	17861	79753830
17762	78872161	17812	79316836	17862	79762761
17763	78881042	17813	79325742	17863	79771692
17764	78889924	17814	79334649	17864	79780624
17765	78898806	17815	79343556	17865	79789556
17766	78907689	17816	79352464	17866	79798489
17767	78916572	17817	79361372	17867	79807422
17768	78925456	17818	79370281	17868	79816356
17769	78934340	17819	79579190	17869	79825290
17770	78943225	17820	79388100	17870	79834225
17771	78952110	17821	79597010	17871	79843160
17772	78960996	17822	79405921	17872	79852096
17773	78969882	17823	79414832	17873	79861032
17774	78978769	17824	79423744	17874	79869969
17775	78987656	17825	79432656	17875	79878906
17776	78996544	17826	79441569	17876	79887844
17777	79005432	17827	79450482	17877	79896782
17778	79014321	17828	79459396	17878	79905721
17779	79023210	17829	79468310	17879	79914660
17780	79032100	17830	79477225	17880	79923600
17781	79040990	17831	79486140	17881	79932540
17782	79049881	17832	79495056	17882	79941481
17783	79058772	17833	79503972	17883	79950422
17784	79067664	17834	79512889	17884	79959364
17785	79076556	17835	79521806	17885	79968306
17786	79085449	17836	79530724	17886	79977249
17787	79094342	17837	79539642	17887	79986192
17788	79103236	17838	79548561	17888	79995136
17789	79112130	17839	79557480	17889	80004080
17790	79121025	17840	79566400	17890	80013025
17791	79129920	17841	79575320	17891	80021970
17792	79138816	17842	79584241	17892	80030916
17793	79147712	17843	79593162	17893	80039862
17794	79156609	17844	79602084	17894	80048809
17795	79165506	17845	79611006	17895	80057756
17796	79174404	17846	79619929	17896	80066704
17797	79183302	17847	79628852	17897	80075652
17798	79192201	17848	79637776	17898	80084601
17799	79201100	17849	79646700	17899	80093550
17800	79210000	17850	79655625	17900	80102500

17901	80111450	17951	80559600	18001	81009000
17902	80120401	17952	80568576	18002	81018001
17903	80129352	17953	80577552	18003	81027002
17904	80138304	17954	80586529	18004	81036004
17905	80147256	17955	80595506	18005	81045006
17906	80156209	17956	80604484	18006	81054009
17907	80165162	17957	80613462	18007	81063012
17908	80174116	17958	80622441	18008	81072016
17909	80183070	17959	80631420	18009	81081020
17910	80192025	17960	80640400	18010	81090025
17911	80200980	17961	80649380	18011	81099030
17912	80209936	17962	80658361	18012	81108036
17913	80218892	17963	80667342	18013	81117042
17914	80227849	17964	80676324	18014	81126049
17915	80236806	17965	80685306	18015	81135056
17916	80245764	17966	80694289	18016	81144064
17917	80254722	17967	80703272	18017	81153072
17918	80263681	17968	80712256	18018	81162081
17919	80272640	17969	80721240	18019	81171090
17920	80281600	17970	80730225	18020	81180100
17921	80290560	17971	80739210	18021	81189110
17922	80299521	17972	80748196	18022	81198121
17923	80308482	17973	80757182	18023	81207132
17924	80317444	17974	80766169	18024	81216144
17925	80326406	17975	80775156	18025	81225156
17926	80335369	17976	80784144	18026	81234169
17927	80344332	17977	80793132	18027	81243182
17928	80353296	17978	80802121	18028	81252196
17929	80362260	17979	80811110	18029	81261210
17930	80371225	17980	80820100	18030	81270225
17931	80380190	17981	80829090	18031	81279240
17932	80389156	17982	80838081	18032	81288256
17933	80398122	17983	80847072	18033	81297272
17934	80407089	17984	80856064	18034	81306289
17935	80416056	17985	80865056	18035	81315306
17936	80425024	17986	80874049	18036	81324324
17937	80433992	17987	80883042	18037	81333342
17938	80442961	17988	80892036	18038	81342361
17939	80451930	17989	80901030	18039	81351380
17940	80460900	17990	80910025	18040	81360400
17941	80469870	17991	80919020	18041	81369420
17942	80478841	17992	80928016	18042	81378441
17943	80487812	17993	80937012	18043	81387462
17944	80496784	17994	80946009	18044	81396484
17945	80505756	17995	80955006	18045	81405506
17946	80514729	17996	80964004	18046	81414529
17947	80523702	17997	80973002	18047	81423552
17948	80532676	17998	80982001	18048	81432576
17949	80541650	17999	80991000	18049	81441600
17950	80550625	18000	81000000	18050	81450625

18051	81459650	18101	81911550	18151	82364700
18052	81468676	18102	81920601	18152	82373776
18053	81477702	18103	81929652	18153	82382852
18054	81486729	18104	81938704	18154	82391929
18055	81495756	18105	81947756	18155	82401006
18056	81504784	18106	81956809	18156	82410084
18057	81513812	18107	81965862	18157	82419162
18058	81522841	18108	81974916	18158	82428241
18059	81531870	18109	81983970	18159	82437320
18060	81540900	18110	81993025	18160	82446400
18061	81549950	18111	82002080	18161	82455480
18062	81558961	18112	82011156	18162	82464561
18063	81567992	18113	82020192	18163	82473642
18064	81577024	18114	82029249	18164	82482724
18065	81586056	18115	82038306	18165	82491806
18066	81595089	18116	82047364	18166	82500889
18067	81604122	18117	82056422	18167	82509972
18068	81613156	18118	82065481	18168	82519056
18069	81622190	18119	82074540	18169	82528140
18070	81631225	18120	82083600	18170	82537225
18071	81640260	18121	82092660	18171	82546310
18072	81649296	18122	82101721	18172	82555396
18073	81658352	18123	82110782	18173	82564482
18074	81667369	18124	82119844	18174	82573569
18075	81676406	18125	82128906	18175	82582656
18076	81685444	18126	82137969	18176	82591744
18077	81694482	18127	82147032	18177	82600832
18078	81703521	18128	82156096	18178	82609921
18079	81712560	18129	82165160	18179	82619010
18080	81721600	18130	82174225	18180	82628100
18081	81730640	18131	82183290	18181	82637190
18082	81739681	18132	82192356	18182	82646281
18083	81748722	18133	82201422	18183	82655372
18084	81757764	18134	82210489	18184	82664464
18085	81766806	18135	82219556	18185	82673556
18086	81775849	18136	82228624	18186	82682649
18087	81784892	18137	82237692	18187	82691742
18088	81793936	18138	82246761	18188	82700836
18089	81802980	18139	82255830	18189	82709930
18090	81812025	18140	82264900	18190	82719025
18091	81821070	18141	82273970	18191	82728120
18092	81830116	18142	82283041	18192	82737216
18093	81839162	18143	82292112	18193	82746312
18094	81848209	18144	82301184	18194	82755409
18095	81857256	18145	82310256	18195	82764506
18096	81866304	18146	82319329	18196	82773604
18097	81875352	18147	82328402	18197	82782702
18098	81884401	18148	82337476	18198	82791801
18099	81893450	18149	82346550	18199	82800900
18100	81902500	18150	82355625	18200	82810000

18201	82819100	18251	83274750	18301	83731650
18202	82828201	18252	83283876	18302	83740801
18203	82837302	18253	83293002	18303	83749952
18204	82846404	18254	83302129	18304	83759104
18205	82855506	18255	83311256	18305	83768256
18206	82864609	18256	83320384	18306	83777409
18207	82873712	18257	83329512	18307	83786562
18208	82882816	18258	83338641	18308	83795716
18209	82891920	18259	83347770	18309	83804870
18210	82901025	18260	83356900	18310	83814025
18211	82910130	18261	83366030	18311	83823180
18212	82919236	18262	83375161	18312	83832336
18213	82928342	18263	83384292	18313	83841492
18214	82937449	18264	83393424	18314	83850649
18215	82946556	18265	83402556	18315	83859806
18216	82955664	18266	83411689	18316	83868964
18217	82964772	18267	83420822	18317	83878122
18218	82973881	18268	83429956	18318	83887281
18219	82982990	18269	83439090	18319	83896440
18220	82992100	18270	83448225	18320	83905600
18221	83001210	18271	83457360	18321	83914760
18222	83010321	18272	83466496	18322	83923921
18223	83019432	18273	83475632	18323	83933082
18224	83028544	18274	83484769	18324	83942244
18225	83037656	18275	83493906	18325	83951406
18226	83046769	18276	83503044	18326	83960569
18227	83055882	18277	83512182	18327	83969732
18228	83064996	18278	83521321	18328	83978896
18229	83074110	18279	83530460	18329	83988060
18230	83083225	18280	83539600	18330	83997225
18231	83092340	18281	83548740	18331	84006390
18232	83101456	18282	83557881	18332	84015556
18233	83110572	18283	83567022	18333	84024722
18234	83119689	18284	83576164	18334	84033889
18235	83128806	18285	83585306	18335	84043056
18236	83137924	18286	83594449	18336	84052224
18237	83147042	18287	83603592	18337	84061392
18238	83156161	18288	83612736	18338	84070561
18239	83165280	18289	83621880	18339	84079730
18240	83174400	18290	83631025	18340	84088900
18241	83183520	18291	83640170	18341	84098070
18242	83192641	18292	83649316	18342	84107241
18243	83201762	18293	83658462	18343	84116412
18244	83210884	18294	83667609	18344	84125584
18245	83220006	18295	83676756	18345	84134756
18246	83229129	18296	83685904	18346	84143929
18247	83238252	18297	83695052	18347	84153102
18248	83247376	18298	83704201	18348	84162276
18249	83256500	18299	83713350	18349	84171450
18250	83265625	18300	83722500	18350	84180625

18351	84189800	18401	84649200	18451	85109850
18352	84198976	18402	84658401	18452	85119076
18353	84208152	18403	84667602	18453	85128302
18354	84217329	18404	84676804	18454	85137529
18355	84226506	18405	84686006	18455	85146756
18356	84235684	18406	84695209	18456	85155984
18357	84244862	18407	84704412	18457	85165212
18358	84254041	18408	84713616	18458	85174441
18359	84263220	18409	84722820	18459	85183670
18360	84272400	18410	84732025	18460	85192900
18361	84281580	18411	84741230	18461	85202130
18362	84290761	18412	84750436	18462	85211361
18363	84299942	18413	84759642	18463	85220592
18364	84309124	18414	84768849	18464	85229824
18365	84318306	18415	84778056	18465	85239056
18366	84327489	18416	84787264	18466	85248289
18367	84336672	18417	84796472	18467	85257522
18368	84345856	18418	84805681	18468	85266756
18369	84355040	18419	84814890	18469	85275990
18370	84364225	18420	84824100	18470	85285225
18371	84375410	18421	84833310	18471	85294460
18372	84382596	18422	84842521	18472	85303696
18373	84391782	18423	84851732	18473	85312932
18374	84400969	18424	84860944	18474	85322169
18375	84410156	18425	84870156	18475	85331406
18376	84419344	18426	84879369	18476	85340644
18377	84428532	18427	84888582	18477	85349882
18378	84437721	18428	84897796	18478	85359121
18379	84446910	18429	84907010	18479	85368360
18380	84456100	18430	84916225	18480	85377600
18381	84465290	18431	84925440	18481	85386840
18382	84474481	18432	84934656	18482	85396081
18383	84483672	18433	84943872	18483	85405322
18384	84492864	18434	84953089	18484	85414564
18385	84502056	18435	84962506	18485	85423806
18386	84511249	18436	84971524	18486	85433049
18387	84520442	18437	84980742	18487	85442292
18388	84529636	18438	84989961	18488	85451536
18389	84538830	18439	84999180	18489	85460780
18390	84548025	18440	85008400	18490	85470025
18391	84557220	18441	85017620	18491	85479270
18392	84566416	18442	85026841	18492	85488516
18393	84575612	18443	85036062	18493	85497762
18394	84584809	18444	85045284	18494	85507009
18395	84594006	18445	85054506	18495	85516256
18396	84603204	18446	85063729	18496	85525504
18397	84612402	18447	85072952	18497	85534752
18398	84621601	18448	85082176	18498	85544001
18399	84630800	18449	85091400	18499	85553250
18400	84640000	18450	85100625	18500	85562500

18501	85571750	18551	86034900	18601	86499300
18502	85581001	18552	86044176	18602	86508601
18503	85590252	18553	86053452	18603	86517902
18504	85599504	18554	86062729	18604	86527204
18505	85608756	18555	86072006	18605	86536506
18506	85618009	18556	86081284	18606	86545809
18507	85627262	18557	86090562	18607	86555112
18508	85636516	18558	86099841	18608	86564416
18509	85645770	18559	86109120	18609	86573720
18510	85655025	18560	86118400	18610	86583025
18511	85664280	18561	86127680	18611	86592330
18512	85673536	18562	86136961	18612	86601636
18513	85682792	18563	86146242	18613	86610942
18514	85692049	18564	86155524	18614	86620249
18515	85701306	18565	86164806	18615	86629556
18516	85710564	18566	86174089	18616	86638864
18517	85719822	18567	86183372	18617	86648172
18518	85729081	18568	86192656	18618	86657481
18519	85738340	18569	86201940	18619	86666790
18520	85747600	18570	86211225	18620	86676100
18521	85756860	18571	86220510	18621	86685410
18522	85766121	18572	86229796	18622	86694721
18523	85775382	18573	86239082	18623	86704032
18524	85784644	18574	86248369	18624	86713344
18525	85793906	18575	86257656	18625	86722656
18526	85803169	18576	86266944	18626	86731969
18527	85812452	18577	86276232	18627	86741282
18528	85821696	18578	86285521	18628	86750596
18529	85830960	18579	86294810	18629	86759910
18530	85840225	18580	86304100	18630	86769225
18531	85849490	18581	86313390	18631	86778540
18532	85858756	18582	86322681	18632	86787856
18533	85868022	18583	86331972	18633	86797172
18534	85877289	18584	86341264	18634	86806489
18535	85886556	18585	86350556	18635	86815806
18536	85895824	18586	86359849	18636	86825124
18537	85905092	18587	86369142	18637	86834442
18538	85914361	18588	86378436	18638	86843761
18539	85923630	18589	86387730	18639	86853080
18540	85932900	18590	86397025	18640	86862400
18541	85942170	18591	86406320	18641	86871720
18542	85951441	18592	86415616	18642	86881041
18543	85960712	18593	86424912	18643	86890362
18544	85969984	18594	86434209	18644	86899684
18545	85979256	18595	86443506	18645	86909006
18546	85988529	18596	86452804	18646	86918329
18547	85997802	18597	86462102	18647	86927652
18548	86007076	18598	86471401	18648	86936976
18549	86016350	18599	86480700	18649	86946300
18550	86025625	18600	86490000	18650	86955625

18651	86964950	18701	87431850	18751	87900000
18652	86974276	18702	87441201	18752	87909376
18653	86985602	18703	87450552	18753	87918752
18654	86992929	18704	87459904	18754	87928129
18655	87002256	18705	87469256	18755	87937506
18656	87011584	18706	87478609	18756	87946884
18657	87020912	18707	87487962	18757	87956262
18658	87030241	18708	87497316	18758	87965641
18659	87039570	18709	87506670	18759	87975020
18660	87048900	18710	87516025	18760	87984400
18661	87058250	18711	87525380	18761	87995780
18662	87067561	18712	87534756	18762	88003161
18663	87076892	18713	87544092	18763	88012542
18664	87086224	18714	87553449	18764	88021924
18665	87095556	18715	87562806	18765	88031306
18666	87104889	18716	87572164	18766	88040689
18667	87114222	18717	87581522	18767	88050072
18668	87123556	18718	87590881	18768	88059456
18669	87132890	18719	87600240	18769	88068840
18670	87142225	18720	87609600	18770	88078225
18671	87151560	18721	87618960	18771	88087610
18672	87160896	18722	87628321	18772	88096996
18673	87170252	18723	87637682	18773	88106382
18674	87179569	18724	87647044	18774	88115769
18675	87188906	18725	87656406	18775	88125156
18676	87198244	18726	87665769	18776	88134544
18677	87207582	18727	87675132	18777	88143932
18678	87216921	18728	87684496	18778	88153321
18679	87226260	18729	87693860	18779	88162710
18680	87235600	18730	87703225	18780	88172100
18681	87244940	18731	87712590	18781	88181490
18682	87254281	18732	87721956	18782	88190881
18683	87263622	18733	87731322	18783	88200272
18684	87272964	18734	87740689	18784	88209664
18685	87282306	18735	87750056	18785	88219056
18686	87291649	18736	87759424	18786	88228449
18687	87300992	18737	87768792	18787	88237842
18688	87310336	18738	87778161	18788	88247236
18689	87319680	18739	87787530	18789	88256630
18690	87329025	18740	87796900	18790	88266025
18691	87338370	18741	87806270	18791	88275420
18692	87347716	18742	87815641	18792	88284816
18693	87357062	18743	87825012	18793	88294212
18694	87366409	18744	87834384	18794	88303609
18695	87375756	18745	87843756	18795	88313006
18696	87385104	18746	87853129	18796	88322404
18697	87394452	18747	87862502	18797	88331802
18698	87403801	18748	87871876	18798	88341201
18699	87413150	18749	87881250	18799	88350600
18700	87422500	18750	87890625	18800	88360000

18801	88369400	18851	88840050	18901	89311950
18802	88378801	18852	88849476	18902	89321401
18803	88388202	18853	88858902	18903	89330852
18804	88397604	18854	88868329	18904	89340304
18805	88407006	18855	88877756	18905	89349756
18806	88416409	18856	88887184	18906	89359209
18807	88425812	18857	88896612	18907	89368662
18808	88435216	18858	88906041	18908	89378116
18809	88444620	18859	88915470	18909	89387570
18810	88454025	18860	88924900	18910	89397025
18811	88463430	18861	88934330	18911	89406480
18812	88472836	18862	88943761	18912	89415936
18813	88482242	18863	88953192	18913	89425392
18814	88491649	18864	88962624	18914	89434849
18815	88501056	18865	88972056	18915	89444306
18816	88510464	18866	88981489	18916	89453764
18817	88519872	18867	88990922	18917	89463222
18818	88529281	18868	89000356	18918	89472681
18819	88538690	18869	89009790	18919	89482140
18820	88548100	18870	89019225	18920	89491600
18821	88557510	18871	89028660	18921	89501060
18822	88566921	18872	89038096	18922	89510521
18823	88576332	18873	89047532	18923	89519982
18824	88585744	18874	89056969	18924	89529444
18825	88595156	18875	89066406	18925	89538906
18826	88604569	18876	89075844	18926	89548369
18827	88613982	18877	89085282	18927	89557832
18828	88623396	18878	89094721	18928	89567296
18829	88632810	18879	89104160	18929	89576760
18830	88642225	18880	89113600	18930	89586225
18831	88651640	18881	89123040	18931	89595690
18832	88661056	18882	89132481	18932	89605156
18833	88670472	18883	89141922	18933	89614622
18834	88679889	18884	89151364	18934	89624089
18835	88689306	18885	89160806	18935	89633556
18836	88698724	18886	89170249	18936	89643024
18837	88708142	18887	89179692	18937	89652492
18838	88717561	18888	89189136	18938	89661961
18839	88726980	18889	89198580	18939	89671430
18840	88736400	18890	89208025	18940	89680900
18841	88745820	18891	89217470	18941	89690370
18842	88755241	18892	89226916	18942	89699841
18843	88764662	18893	89236362	18943	89709312
18844	88774084	18894	89245809	18944	89718784
18845	88783506	18895	89255256	18945	89728256
18846	88792929	18896	89264704	18946	89737729
18847	88802352	18897	89274152	18947	89747202
18848	88811776	18898	89283601	18948	89756676
18849	88821200	18899	89293050	18949	89766150
18850	88830625	18900	89302500	18950	89775625

18951	89785100	19001	90259500	19051	90735150
18952	89794576	19002	90269001	19052	90744676
18953	89804052	19003	90278502	19053	90754202
18954	89813529	19004	90288004	19054	90763729
18955	89823006	19005	90297506	19055	90773256
18956	89832484	19006	90307009	19056	90782784
18957	89841962	19007	90316512	19057	90792312
18958	89851441	19008	90326016	19058	90801841
18959	89860920	19009	90335520	19059	90811370
18960	89870400	19010	90345025	19060	90820900
18961	89879880	19011	90354530	19061	90830430
18962	89889361	19012	90364036	19062	90839961
18963	89898842	19013	90373542	19063	90849492
18964	89908324	19014	90383049	19064	90859024
18965	89917806	19015	90392556	19065	90868556
18966	89927289	19016	90402064	19066	90878089
18967	89936772	19017	90411572	19067	90887622
18968	89946256	19018	90421081	19068	90897156
18969	89955740	19019	90430590	19069	90906690
18970	89965225	19020	90440100	19070	90916225
18971	89974710	19021	90449610	19071	90925760
18972	89984196	19022	90459121	19072	90935296
18973	89993682	19023	90468632	19073	90944832
18974	90003169	19024	90478144	19074	90954369
18975	90012656	19025	90487656	19075	90963906
18976	90022144	19026	90497169	19076	90973444
18977	90031632	19027	90506682	19077	90982982
18978	90041121	19028	90516196	19078	90992521
18979	90050610	19029	90525710	19079	91002060
18980	90060100	19030	90535225	19080	91011600
18981	90069590	19031	90544740	19081	91021140
18982	90079081	19032	90554256	19082	91030681
18983	90088572	19033	90563772	19083	91040222
18984	90098064	19034	90573289	19084	91049764
18985	90107556	19035	90582806	19085	91059306
18986	90117049	19036	90592324	19086	91068849
18987	90126542	19037	90601842	19087	91078392
18988	90136036	19038	90611361	19088	91087936
18989	90145530	19039	90620880	19089	91097480
18990	90155025	19040	90630400	19090	91107025
18991	90164520	19041	90639920	19091	91116570
18992	90174016	19042	90649441	19092	91126116
18993	90183512	19043	90658962	19093	91135662
18994	90193009	19044	90668484	19094	91145209
18995	90202506	19045	90678006	19095	91154756
18996	90212004	19046	90687529	19096	91164504
18997	90221502	19047	90697052	19097	91173852
18998	90231001	19048	90706576	19098	91183401
18999	90240500	19049	90716100	19099	91192950
19000	90250000	19050	90725625	19100	91202500

19101	91212050	19151	91690200	19201	92169606
19102	91221601	19152	91699776	19202	92179201
19103	91231152	19153	91709352	19203	92188802
19104	91240704	19154	91718929	19204	92198404
19105	91250256	19155	91728506	19205	92208006
19106	91259809	19156	91738084	19206	92217609
19107	91269362	19157	91747662	19207	92227212
19108	91278916	19158	91757241	19208	92236816
19109	91288470	19159	91766820	19209	92246420
19110	91298025	19160	91776400	19210	92256025
19111	91307580	19161	91785980	19211	92265630
19112	91317136	19162	91795561	19212	92275236
19113	91326692	19163	91805142	19213	92284842
19114	91336249	19164	91814724	19214	92294449
19115	91345806	19165	91824306	19215	92304056
19116	91355364	19166	91833889	19216	92313664
19117	91364922	19167	91843472	19217	92323272
19118	91374481	19168	91853056	19218	92332881
19119	91384040	19169	91862640	19219	92342490
19120	91393600	19170	91872225	19220	92352100
19121	91403160	19171	91881810	19221	92361710
19122	91412721	19172	91891396	19222	92371321
19123	91422282	19173	91900982	19223	92380932
19124	91431844	19174	91910569	19224	92390544
19125	91441406	19175	91920156	19225	92400156
19126	91450969	19176	91929744	19226	92409769
19127	91460532	19177	91939332	19227	92419382
19128	91470096	19178	91948921	19228	92428996
19129	91479660	19179	91958510	19229	92438610
19130	91489225	19180	91968100	19230	92448225
19131	91498790	19181	91977690	19231	92457840
19132	91508356	19182	91987281	19232	92467456
19133	91517922	19183	91996872	19233	92477072
19134	91527489	19184	92006464	19234	92486689
19135	91537056	19185	92016056	19235	92496306
19136	91546624	19186	92025649	19236	92505924
19137	91556192	19187	92035242	19237	92515542
19138	91565761	19188	92044836	19238	92525161
19139	91575330	19189	92054430	19239	92534780
19140	91584900	19190	92064025	19240	92544400
19141	91594470	19191	92073620	19241	92554020
19142	91604041	19192	92083216	19242	92563641
19143	91613612	19193	92092812	19243	92573262
19144	91623184	19194	92102409	19244	92582884
19145	91632756	19195	92112006	19245	92592506
19146	91642329	19196	92121604	19246	92602129
19147	91651902	19197	92131202	19247	92611752
19148	91661476	19198	92140801	19248	92621376
19149	91671050	19199	92150400	19249	92631000
19150	91680625	19200	92160000	19250	92640625

19251	92650250	19301	93152150	19351	93615300
19252	92659876	19302	93141801	19352	93624976
19253	92669502	19303	93151452	19353	93634652
19254	92679129	19304	93161104	19354	93644329
19255	92688756	19305	93170756	19355	93654006
19256	92698384	19306	93180409	19356	93663684
19257	92708012	19307	93190062	19357	93673362
19258	92717641	19308	93199716	19358	93683041
19259	92727270	19309	93209370	19359	93692720
19260	92736900	19310	93219025	19360	93702400
19261	92746530	19311	93228680	19361	93712080
19262	92756161	19312	93238336	19362	93721761
19263	92765792	19313	93247992	19363	93731442
19264	92775424	19314	93257649	19364	93741124
19265	92785056	19315	93267306	19365	93750806
19266	92794689	19316	93276964	19366	93760489
19267	92804322	19317	93286622	19367	93770172
19268	92813956	19318	93296281	19368	93779856
19269	92823590	19319	93305940	19369	93789540
19270	92833225	19320	93315600	19370	93799225
19271	92842860	19321	93325260	19371	93808910
19272	92852496	19322	93334921	19372	93818596
19273	92862132	19323	93344582	19373	93828282
19274	92871769	19324	93354244	19374	93837969
19275	92881406	19325	93363906	19375	93847656
19276	92891044	19326	93373569	19376	93857344
19277	92900682	19327	93383232	19377	93867032
19278	92910321	19328	93392896	19378	93876721
19279	92919960	19329	93402560	19379	93886410
19280	92929600	19330	93412225	19380	93896100
19281	92939240	19331	93421890	19381	93905790
19282	92948881	19332	93431556	19382	93915481
19283	92958522	19333	93441222	19383	93925172
19284	92968164	19334	93450889	19384	93934864
19285	92977806	19335	93460556	19385	93944556
19286	92987449	19336	93470224	19386	93954249
19287	92997092	19337	93479892	19387	93963942
19288	93006736	19338	93489561	19388	93973636
19289	93016380	19339	93499230	19389	93983330
19290	93026025	19340	93508900	19390	93993025
19291	93035670	19341	93518570	19391	94002720
19292	93045316	19342	93528241	19392	94012416
19293	93054962	19343	93537912	19393	94022112
19294	93064609	19344	93547584	19394	94031809
19295	93074256	19345	93557256	19395	94041506
19296	93083904	19346	93566929	19396	94051204
19297	93093552	19347	93576602	19397	94060902
19298	93103201	19348	93586276	19398	94070601
19299	93112850	19349	93595950	19399	94080300
19300	93122500	19350	93605625	19400	94090000

19401	94099700	19451	94585350	19501	95072250
19402	94109401	19452	94595076	19502	95082001
19403	94119102	19453	94604802	19503	95091752
19404	94128804	19454	94614529	19504	95101504
19405	94138506	19455	94624256	19505	95111256
19406	94148209	19456	94633984	19506	95121009
19407	94157912	19457	94643712	19507	95130762
19408	94167616	19458	94653441	19508	95140516
19409	94177320	19459	94663170	19509	95150270
19410	94187025	19460	94672900	19510	95160025
19411	94196730	19461	94682630	19511	95169780
19412	94206436	19462	94692361	19512	95179536
19413	94216142	19463	94702092	19513	95189292
19414	94225849	19464	94711824	19514	95199049
19415	94235556	19465	94721556	19515	95208806
19416	94245264	19466	94731289	19516	95218564
19417	94254972	19467	94741022	19517	95228322
19418	94264681	19468	94750756	19518	95238081
19419	94274390	19469	94760490	19519	95247840
19420	94284100	19470	94770225	19520	95257600
19421	94293810	19471	94779960	19521	95267360
19422	94303521	19472	94789696	19522	95277121
19423	94313232	19473	94799432	19523	95286882
19424	94322944	19474	94809169	19524	95296644
19425	94332656	19475	94818906	19525	95306406
19426	94342369	19476	94828644	19526	95316169
19427	94352082	19477	94838382	19527	95325932
19428	94361796	19478	94848121	19528	95335696
19429	94371510	19479	94857860	19529	95345460
19430	94381225	19480	94867600	19530	95355225
19431	94390940	19481	94877340	19531	95364990
19432	94400656	19482	94887081	19532	95374756
19433	94410372	19483	94896822	19533	95384522
19434	94420089	19484	94906564	19534	95394289
19435	94429806	19485	94916306	19535	95404056
19436	94439524	19486	94926049	19536	95413824
19437	94449242	19487	94935792	19537	95423592
19438	94458961	19488	94945536	19538	95433361
19439	94468680	19489	94955280	19539	95443130
19440	94478400	19490	94965025	19540	95452900
19441	94488120	19491	94974770	19541	95462670
19442	94497841	19492	94984516	19542	95472441
19443	94507562	19493	94994262	19543	95482212
19444	94517284	19494	95004009	19544	95491984
19445	94527006	19495	95013756	19545	95501756
19446	94536729	19496	95023504	19546	95511529
19447	94546452	19497	95033252	19547	95521302
19448	94556176	19498	95043001	19548	95531076
19449	94565900	19499	95052750	19549	95540850
19450	94575625	19500	95062500	19550	95550625

19551	95560400	19601	96049800	19651	96540450
19552	95570176	19602	96059601	19652	96550276
19553	95579952	19603	96069402	19653	96560102
19554	95589729	19604	96079204	19654	96569929
19555	95599506	19605	96089006	19655	96579756
19556	95609284	19606	96098809	19656	96589584
19557	95619062	19607	96108612	19657	96599412
19558	95628841	19608	96118419	19658	96609241
19559	95638620	19609	96128220	19659	96619070
19560	65648400	19610	96138025	19660	96628900
19561	95658180	19611	96147830	19661	96638730
19562	95667961	19612	96157636	19662	96648561
19563	95677742	19613	96167442	19663	96658392
19564	95687524	19614	96177249	19664	96668224
19565	95697506	19615	96187056	19665	96678056
19566	95707089	19616	96196864	19666	96687889
19567	95716872	19617	96206672	19667	96697722
19568	95726656	19618	96216487	19668	96707556
19569	95736440	19619	96226290	19669	96717390
19570	95746225	19620	96236100	19670	96727225
19571	95756010	19621	96245910	19671	96737060
19572	95765796	19622	96255721	19672	96746896
19573	95775582	19623	96265532	19673	96756732
19574	95785369	19624	96275344	19674	96766569
19575	95795156	19625	96285156	19675	96776406
19576	95804944	19626	96294969	19676	96786244
19577	95814732	19627	96304782	19677	96796082
19578	95824521	19628	96314596	19678	96805921
19579	95834310	19629	96324410	19679	96815760
19580	95844100	19630	96334225	19680	96825600
19581	95853890	19631	96344040	19681	96835440
19582	95863681	19632	96353856	19682	96845281
19583	95873472	19633	96363672	19683	96855122
19584	95883264	19634	96373489	19684	96864964
19585	95893056	19635	96383306	19685	96874806
19586	95902849	19636	96393124	19686	96884649
19587	95912642	19637	96402942	19687	96894492
19588	95922436	19638	96412761	19688	96904336
19589	95932230	19639	96422580	19689	96914180
19590	95942025	19640	96432400	19690	96924025
19591	95951820	19641	96442220	19691	96933870
19592	95961616	19642	96452041	19692	96943716
19593	95971412	19643	96461862	19693	96953562
19594	95981209	19644	96471684	19694	96963409
19595	95991006	19645	96481506	19695	96973256
19596	96000804	19646	96491329	19696	96983104
19597	96010602	19647	96501152	19697	96992952
19598	96020401	19648	96510976	19698	97002801
19599	96030200	19649	96520800	19699	97012650
19600	96040000	19650	96530625	19700	97022500

19701	97032350	19751	97525500	19801	98019900
19702	97042201	19752	97535376	19802	98029801
19703	97052052	19753	97545252	19803	98039702
19704	97061904	19754	97555129	19804	98049604
19705	97071756	19755	97565006	19805	98059506
19706	97081609	19756	97574884	19806	98069409
19707	97091462	19757	97584762	19807	98079312
19708	97101316	19758	97594641	19808	98089216
19709	97111170	19759	97604520	19809	98099120
19710	97121025	19760	97614400	19810	98109025
19711	97130880	19761	97624280	19811	98118930
19712	97140736	19762	97634161	19812	98128836
19713	97150592	19763	97644042	19813	98138742
19714	97160449	19764	97653924	19814	98148649
19715	97170306	19765	97663806	19815	98158556
19716	97180164	19766	97673689	19816	98168464
19717	97190022	19767	97683572	19817	98178372
19718	97199881	19768	97693456	19818	98188281
19719	97209740	19769	97703340	19819	98198190
19720	97219600	19770	97713225	19820	98208100
19721	97229460	19771	97723110	19821	98218010
19722	97239221	19772	97732996	19822	98227921
19723	97249182	19773	97742882	19823	98237832
19724	97259044	19774	97752769	19824	98247744
19725	97268906	19775	97762656	19825	98257656
19726	97278769	19776	97772544	19826	98267569
19727	97288632	19777	97782432	19827	98277482
19728	97298496	19778	97792321	19828	98287396
19729	97308360	19779	97802210	19829	98297310
19730	97318225	19780	97812100	19830	98307225
19731	97328090	19781	97821990	19831	98317140
19732	97337956	19782	97831881	19832	98327056
19733	97347822	19783	97841772	19833	98336972
19734	97357689	19784	97851664	19834	98346889
19735	97367556	19785	97861556	19835	98356806
19736	97377424	19786	97871449	19836	98366724
19737	97387292	19787	97881342	19837	98376642
19738	97397161	19788	97891236	19838	98386561
19739	97407030	19789	97901130	19839	98396480
19740	97416900	19790	97911025	19840	98406400
19741	97426770	19791	97920920	19841	98416320
19742	97436641	19792	97930816	19842	98426241
19743	97446512	19793	97940712	19843	98436162
19744	97456384	19794	97950609	19844	98446084
19745	97466256	19795	97960506	19845	98456006
19746	97476129	19796	97970404	19846	98465929
19747	97486002	19797	97980302	19847	98475852
19748	97495876	19798	97990201	19848	98485776
19749	97505750	19799	98000100	19849	98495700
19750	97515625	19800	98010000	19850	98505625

19851	98515550	19901	99012450	19951	99510600
19852	98525476	19902	99022401	19952	99520576
19853	98535402	19903	99032352	19953	99530552
19854	98545329	19904	99042304	19954	99540529
19855	98555256	19905	99052256	19955	99550506
19856	98565184	19906	99062209	19956	99560484
19857	98575112	19907	99072162	19957	99570462
19858	98585041	19908	99082116	19958	99580441
19859	98594970	19909	99092070	19959	99590420
19860	98604900	19910	99102025	19960	99600400
19861	98614830	19911	99111980	19961	99610380
19862	98624761	19912	99121936	19962	99620361
19893	98634692	19913	99131892	19963	99630342
19864	98644624	19914	99141849	19964	99640324
19865	98654556	19915	99151806	19965	99650306
19866	98664489	19916	99161764	19966	99660289
19867	98674422	19917	99171722	19967	99670272
19868	98684356	19918	99181681	19968	99680256
19869	98694290	19919	99191640	19969	99690240
19870	98704225	19920	99201600	19970	99700225
19871	98714160	19921	99211560	19971	99710210
19872	98724096	19922	99221521	19972	99720196
19873	98734032	19923	99231482	19973	99730182
19874	98743969	19924	99241444	19974	99740169
19875	98753906	19925	99251406	19975	99750156
19876	98763844	19926	99261369	19976	99760144
19877	98773782	19927	99271332	19977	99770132
19878	98783721	19928	99281296	19978	99780121
19879	98793660	19929	99291260	19979	99790110
19880	98803600	19930	99301225	19980	99800100
19881	98813540	19931	99311190	19981	99810090
19882	98823481	19932	99321156	19982	99820081
19883	98833422	19933	99331122	19983	99830072
19884	98843364	19934	99341089	19984	99840064
19885	98853306	19935	99351056	19985	99850056
19886	98863249	19936	99361024	19986	99860049
19887	98873192	19937	99370992	19987	99870042
19888	98883136	19938	99380961	19988	99880036
19889	98893080	19939	99390930	19989	99890030
19890	98903025	19940	99400900	19990	99900025
19891	98912970	19941	99410870	19991	99910020
19892	98922916	19942	99420841	19992	99920016
19893	98932862	19943	99430812	19993	99930012
19894	98942809	19944	99440784	19994	99940009
19895	98952756	19945	99450756	19995	99950006
19896	98962704	19946	99460729	19996	99960004
19897	98972652	19947	99470702	19997	99970002
19898	98982601	19948	99480676	19998	99980001
19899	98992550	19949	99490650	19999	99990000
19900	99002500	19950	99500625	20000	100000000

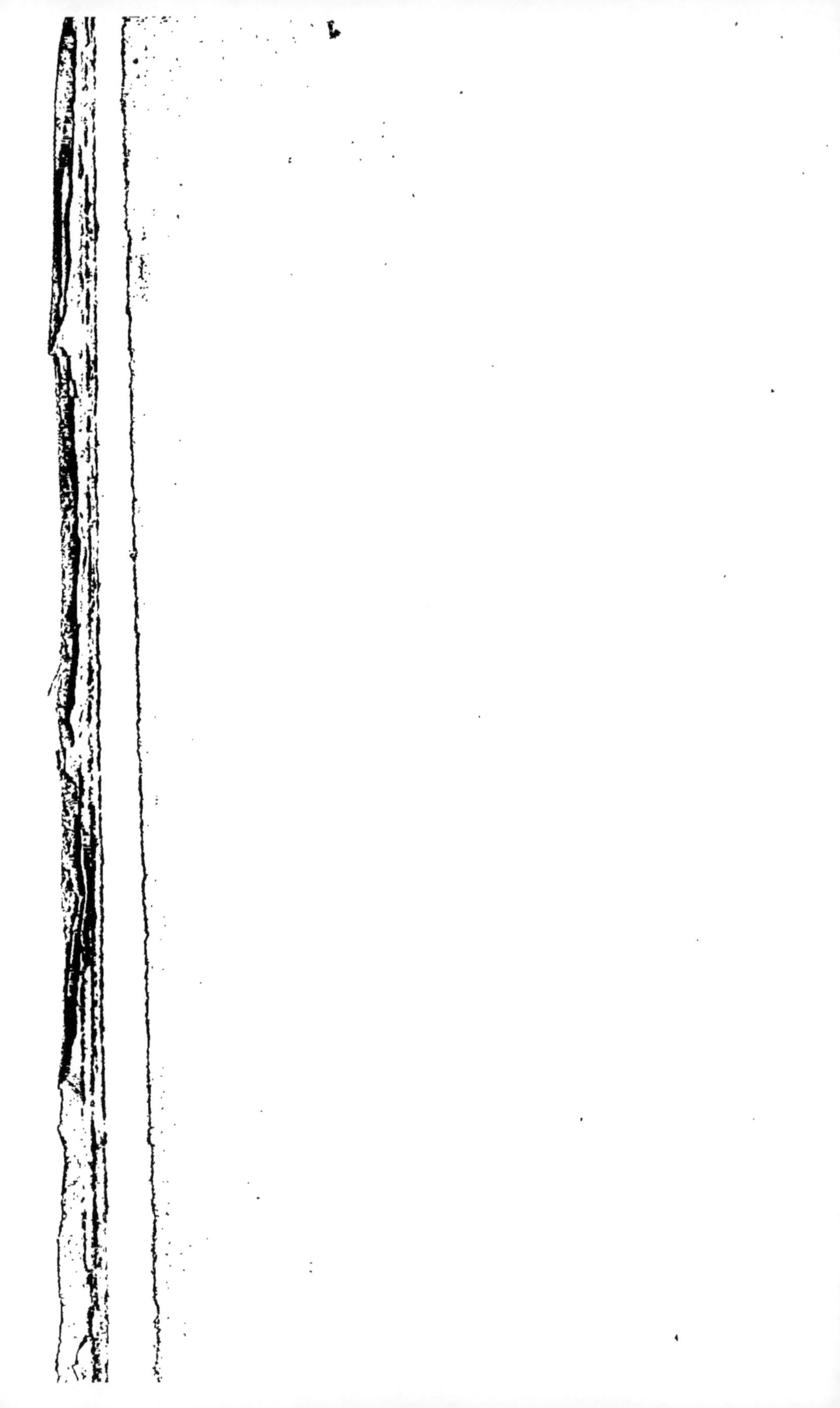

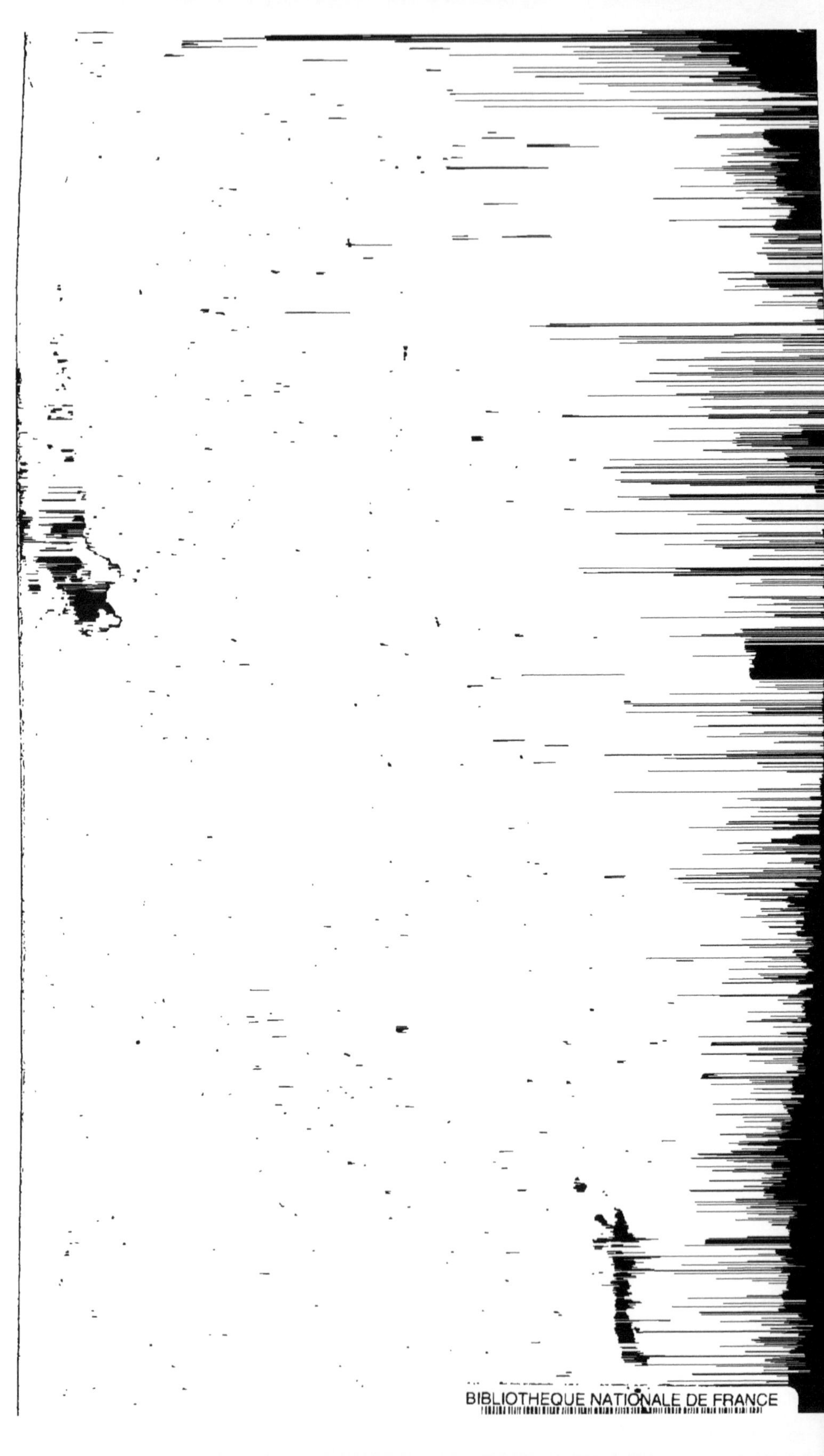